电子技能训练

姚建强　主　编　钱　昕　副主编

DIANZI JINENG XUNLIAN

图书在版编目(CIP)数据

电子技能训练 / 姚建强主编. —杭州 ：浙江工商大学出版社，2014.6(2015.2 重印)

ISBN 978-7-5178-0568-7

Ⅰ. ①电… Ⅱ. ①姚… Ⅲ. ①电子技术 Ⅳ. ①TN

中国版本图书馆 CIP 数据核字(2014)第 147665 号

电子技能训练

姚建强 主 编 钱 昕 副主编

策划编辑 谭娟娟
责任编辑 汪 浩 赵 丹
封面设计 王好驰
责任印制 包建辉
出版发行 浙江工商大学出版社
(杭州市教工路 198 号 邮政编码 310012)
(E-mail:zjgsupress@163.com)
(网址:http://www.zjgsupress.com)
电话:0571-88904980,88831806(传真)
排 版 杭州朝曦图文设计有限公司
印 刷 绍兴虎彩激光材料科技有限公司
开 本 787mm×1092mm 1/16
印 张 7.25
字 数 168 千
版 印 次 2014 年 6 月第 1 版 2015 年 2 月第 2 次印刷
书 号 ISBN 978-7-5178-0568-7
定 价 20.00 元

浙江工商大学出版社营销部邮购电话 0571-88904970

《电子技能训练》编委会

主　编　姚建强

副主编　钱　昕

编　委　史宇平　庞佳丽　金　萍　罗佳冰

钱　昕　任振洪　高驹弘　王　云

前　言

《电子技能训练》是面向中等职业教育电子信息技术专业的一门实践性教材，该教材较好地体现了“立足行业，强调技能，突出实践，以就业为导向，以能力为本位”的教学特点，是全方位培养新世纪技能型技术人才的一本必备教材，为提高学生的全面素质、增强适应职业变化的能力和继续学习的能力打下良好的基础。

本课程的任务主要包括几个方面。通过典型电子产品的安装、调试和检测，使学生掌握典型电子产品电路的识图、安装、调试和检测的核心技能，具备分析和解决生产、生活中的实际问题的能力。对学生进行职业意识培养和职业道德教育，提高学生的综合素质与职业能力，增强学生适应职业变化的能力，为学生职业生涯的发展奠定基础。使学生具备电子产品安装、调试和检测的核心技能；会熟练使用电子仪器仪表和相应的生产工具；具备识读典型电子产品电路原理图、电路印刷板图和生产工艺流程图的能力；具备排除典型电子产品故障的能力；掌握电子产品生产的安全操作规范。结合生产实际，了解电子产品设计、生产、检验等基本常识，培养学习兴趣，形成正确的学习方法，有一定的自主学习能力；强化安全生产、节能环保和产品质量等职业意识，养成良好的工作方法、工作作风和职业道德。

目 录

第一篇 基础模块

第二篇 应用模块

第一篇

基础模块

项目一　认识电阻器

项目描述

标准电阻的主要功能是发热，跟其他元件并联时，电阻可以分流；跟其他元件串联时，电阻可以分压。此外，电阻元件还包括半导体材料制成的电阻。它们的阻值随着外界条件的变化而变化。有时，提到电阻元件还包括了超导体元件。超导体的应用前景主要体现在电子学领域，因为它在导电的时候，不会“生热”，制成计算机元件不需要冷却系统，可以使计算机的体积和能耗大大缩小。

项目目标

1. 识别电阻器的外形和符号，识读电阻器的标称阻值
2. 会用万用表检测电阻器，判断电阻器的质量
3. 会根据实际需要选用电阻器

项目实施

任务一　了解项目的功能

现代电子电器中应用电阻有很多：有热敏电阻，它的阻值随温度的升高而减小，联在电路中，可以通过它的阻值确定电路中的温度（热传感器）；有光敏电阻，它的阻值在有光照射时大大减小，联在电路中，相当于“光开关”。

1. 电阻的基本知识

电阻是导体本身具有的属性，用字母 R 表示。

在国际单位制中，电阻的单位是欧姆，简称欧，符号是 Ω。电阻的常用单位还有千欧（kΩ）和兆欧（MΩ）。

$$1k\Omega=10^3\Omega \qquad 1M\Omega=10^6\Omega$$

2. 电阻器的分类

电阻器是利用金属材料对电流起阻碍作用的特性制成，电阻器通常被称为电阻。

按结构形式分：固定电阻器、可变电阻器（可调电阻器、电位器）。
按制作材料分：碳膜电阻器、金属膜电阻器、线绕电阻器。
按用途分：精密电阻器、高频电阻器、熔断电阻器、敏感电阻器。

任务二 电阻元件的识别

识一识 常用电阻元件的识别

1. 认识常见固定电阻器的图形符号和外形

固定电阻器是阻值不能改变的电阻器，其图形符号和外形，如图 1-1-1 所示。

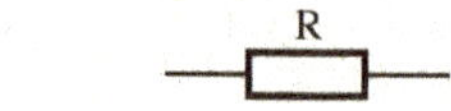

图 1-1-1 电阻器的一般图形称号

(1)碳膜电阻器。碳膜电阻器是采用碳膜作为导电层，将通过真空高温热分解出的结晶碳沉积在柱形或管形陶瓷骨架上制成的。如图 1-1-2 所示。

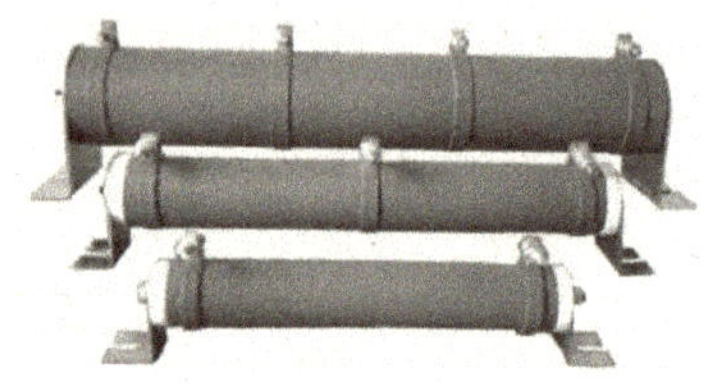

图 1-1-2 碳膜电阻器

(2)金属膜电阻器。金属膜电阻器是采用金属膜作为导电层，用高真空加热蒸发等技术，将合金材料蒸镀在陶瓷骨架上制成，经过切割调试阻值，以达到最终要求的精密阻值。如图 1-1-3 所示。

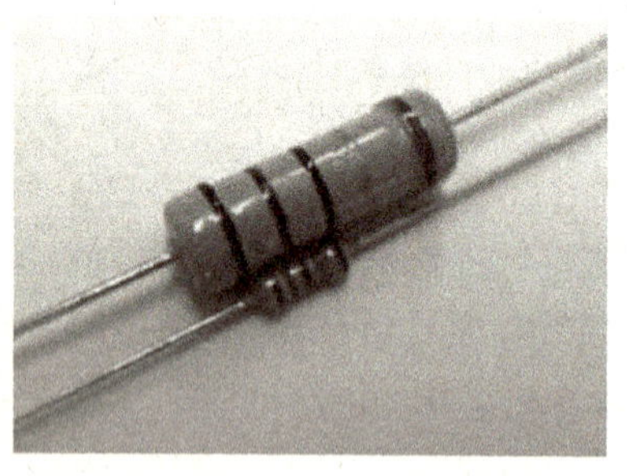

图 1-1-3 金属膜电阻器

(3)金属氧化膜电阻器。金属氧化膜电阻器是用锑和锡等金属盐溶液喷雾到炽热的陶瓷骨架表面上沉积后制成的。如图 1-1-4 所示。

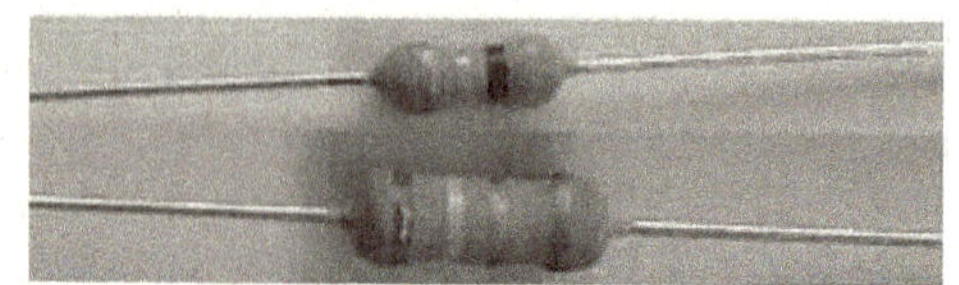

图 1-1-4 金属氧化膜电阻器

(4)线绕电阻器。线绕电阻器是用电阻丝绕在绝缘骨架上再经过绝缘封装处理而成的一类电阻器，电阻丝一般采用一定电阻率的镍铬、锰铜等合金制成，绝缘骨架一般采用陶瓷、塑料、涂覆绝缘层的金属骨架。如图 1-1-5 所示。

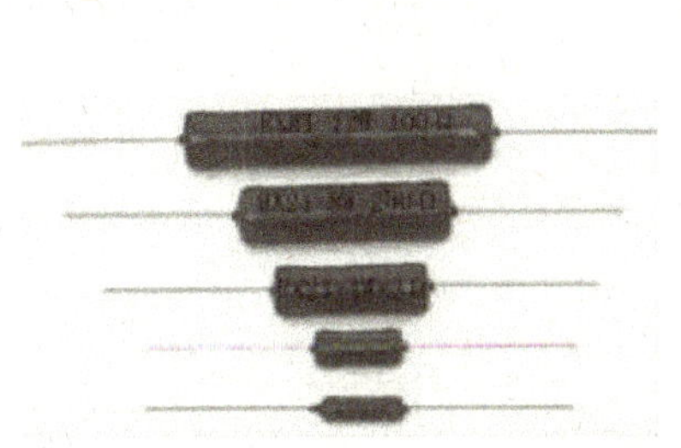
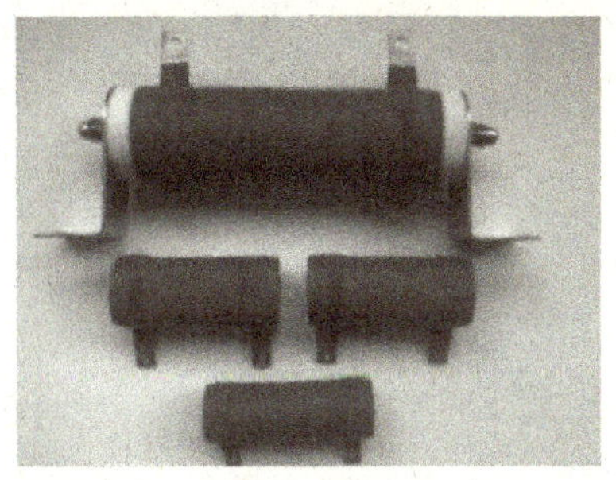

图 1-1-5　线绕电阻器

(5)水泥电阻器。水泥电阻器是线绕式电阻器的一种。如图 1-1-6 所示。

图 1-1-6　水泥电阻器

(6)熔断电阻器。熔断电阻器又称保险丝电阻器，起电阻和熔丝双重功能的元件。如图 1-1-7 所示。

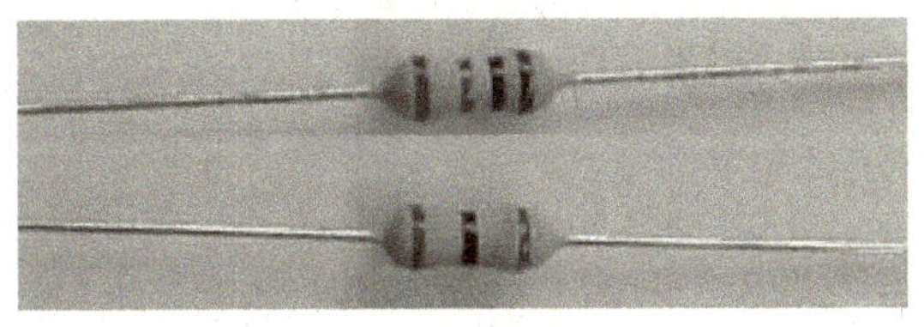

(a)熔断电阻器

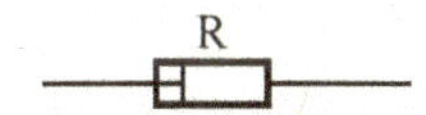

(b)熔断电阻器图形符号

图 1-1-7　熔断电阻器实物与图形符号图

2. 认识常见可变电阻器的图形符号、实物

阻值可变的电阻器称为可变电阻器或电位器，分为半可变电阻器和电位器。

表 1-1-1　常见可变电阻器(电位器)

序号	名称	实物图	符号	用　途
1	半可调电阻器		R	一般用于晶体管中的偏流电阻

续 表

序号	名称	实物图	符号	用 途
2	碳膜电位器		WT WH	一般用于家用电器中，做音量控制、亮度调节等
3	线绕电位器		WX	用于功率较大的电路中，做电源电压调节等
4	实心电位器		WS	用于小型电子设备及仪器仪表的交直流电路中
5	直滑式电位器		WH WT	在家用电器、仪器仪表面板中做电压、电流控制和音调、音量的调节等
6	开关电位器			在电视机、收音机中作为音量控制兼电源控制

任务三 电阻元件的读数

元器件的识别与检测是一项基本功，如何准确有效地检测元器件的相关参数，判断元器件是否正常，不是一件千篇一律的事，必须根据不同的元器件采用不同的方法，从而判断元器件的正常与否。

读一读 各种电阻元件的参数

1. 识读电阻器的电阻值

(1)直标法。直标法一般用数字和单位符号直接表示出电阻值并标注在电阻器上。如图 1-1-8 所示。

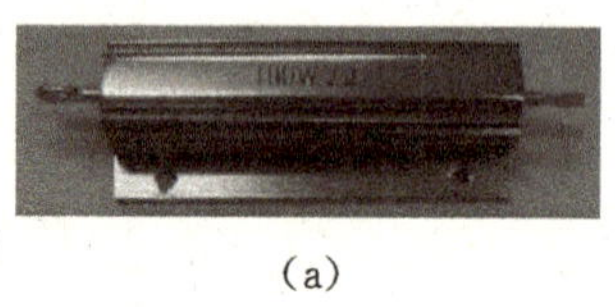

(a)

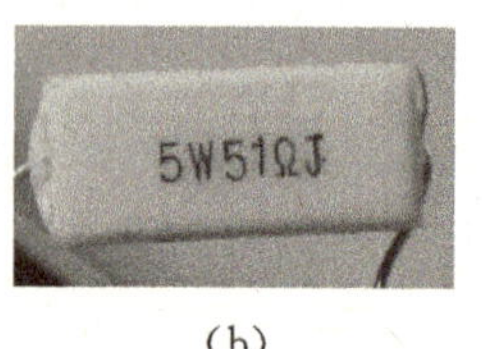

(b)

(c)

(d)

图 1-1-8 电阻直标法

(2)文字符号法。文字符号法是用数字和单位符号组合一起表示,文字符号前面的数字表示整数阻值,文字符号后面的数字表示小数点后面的小数阻值。

表 1-1-2 电阻单位的文字符号

文字符号	R	k	M	G	T
表示单位	欧姆(Ω)	千欧姆(10^3Ω)	兆欧姆(10^6Ω)	吉欧姆(10^9Ω)	太欧姆(10^{12}Ω)

表 1-1-3 电阻允许误差的文字符号

文字符号	D	F	G	J	K	M
允许偏差	±0.5%	±1%	±2%	±5%	±10%	±20%

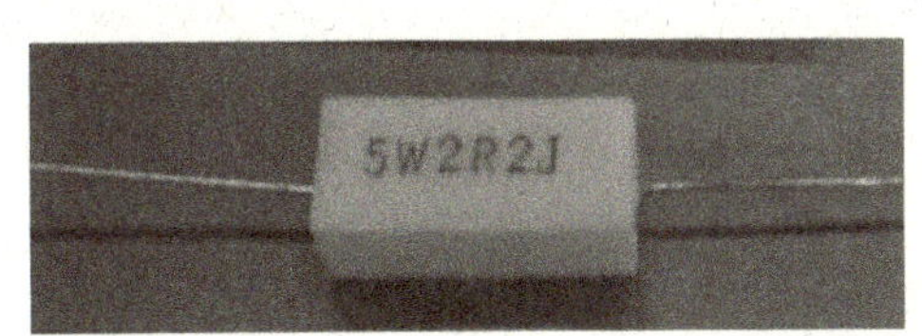

图 1-1-9 电阻文字符号法

(3)数码法。数码法是在电阻器上用 3 位数码表示标称值的标值方法。

图 1-1-10 电阻数码法

(4)色标法。色标法是用不同颜色的带或点在电阻器表面标出标称阻值和允许偏差。

表 1-1-4 电阻器色环符号对照表

颜色	有效数字	倍乘数	允许误差%	颜色	有效数字	倍乘数	允许误差%
黑	0	10^0	—	紫	7	10^7	±0.1
棕	1	10^1	±1	灰	8	10^8	—
红	2	10^2	±2	白	9	10^9	—
橙	3	10^3	—	金	—	10^{-1}	±5
黄	4	10^4	—	银	—	10^{-2}	±10
绿	5	10^5	±0.5	无色	—	—	±20
蓝	6	10^6	±0.25				

①二位有效数字的色标法

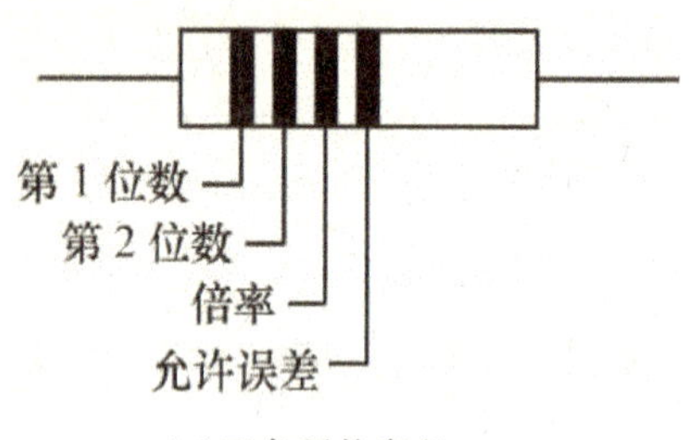

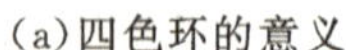
(a)四色环的意义

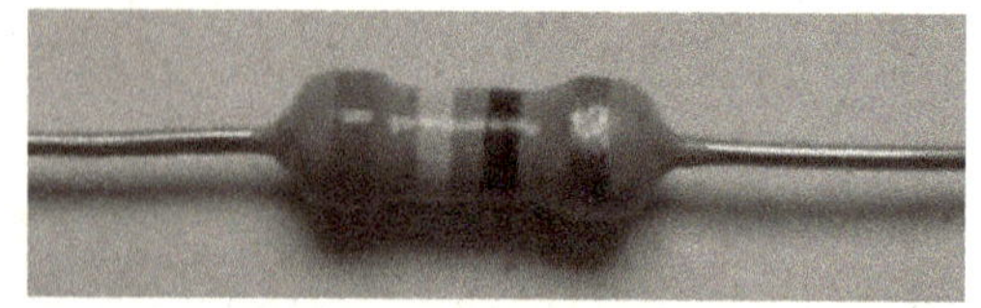
(b)四色环电阻器

图 1-1-11 色环表示法图

②三位有效数字的色标法

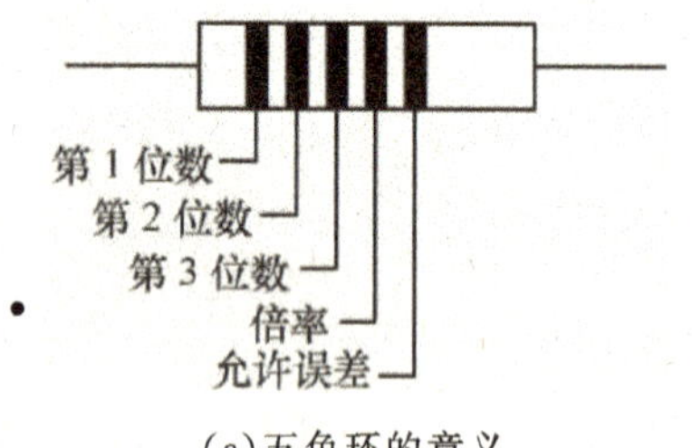

(a)五色环的意义

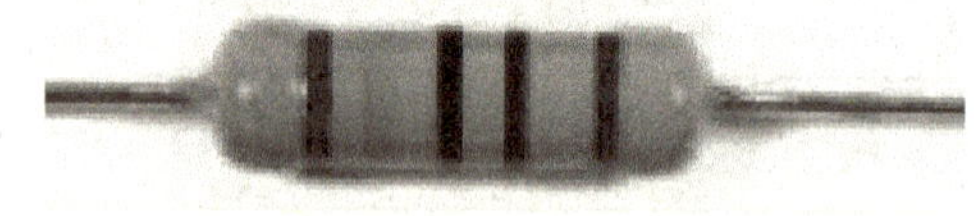
(b)五色环电阻器

图 1-1-12 五色环表示法图

任务四 电阻器延伸知识的了解

学一学 电阻器延伸知识的了解

1. 电阻定律

在温度不变时，一定材料的导体的电阻与它的长度成正比，与它的截面积成反比，这个规律叫作**电阻定律**。均匀导体的电阻可用公式表示为：

$$R=\rho l/s$$

2. 导体电阻与温度的关系

通过实验测定各种材料在温度每升高 1℃时，其电阻增加的相对值，称为电阻温度系数，用小写字母 α 表示，其单位为 1/℃。

3. 超导现象

一些物质温度降到某一值(称为转变温度)时，电阻也变成零，这就是超导现象。能够发生超导现象的导体称为超导体。

4. 电阻传感器

应变式传感器是基于测量物体受力变形所产生应变的一种传感器，最常用的传感元件为电阻应变片。

压阻式传感器是利用单晶硅材料的压阻效应和集成电路技术制成的传感器。常用的压阻式传感器有半导体应变式传感器和固态压阻式传感器。

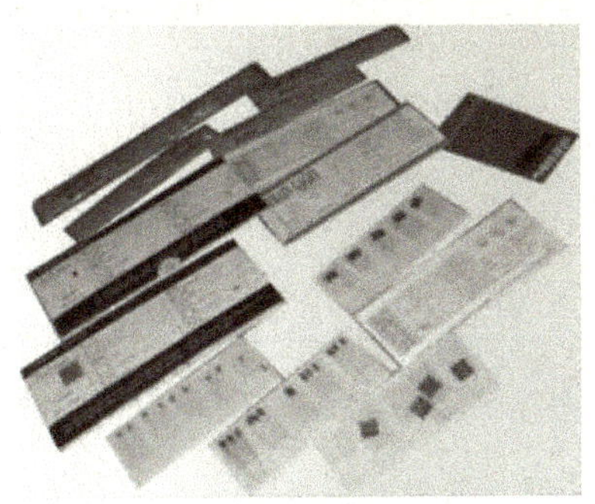

(a)应变式传感器

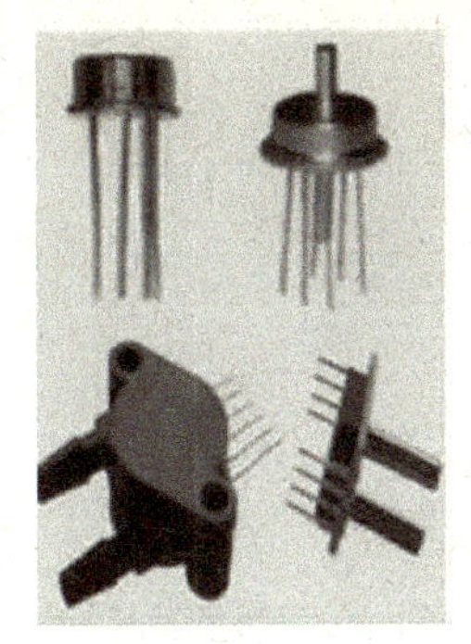

(b)半导体应变式传感器

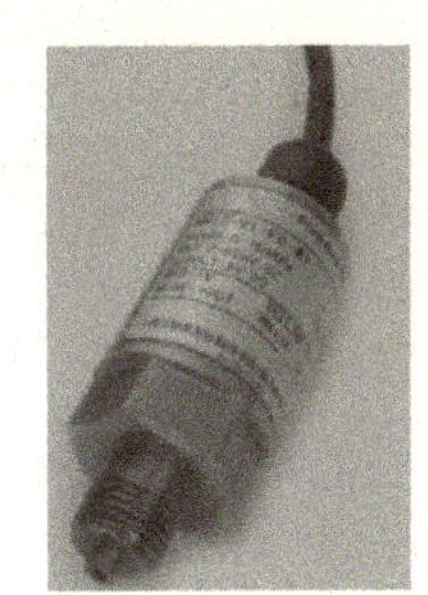

(c)固态压阻式传感器

图 1-1-13　传感器图

任务五　用万用表检测电阻器

试一试　整机装配与调试

会用万用表的电阻挡检测固定电阻器和电位器的电阻值，判断电阻器的质量。

任务六　任务拓展训练

拓展训练

(1)常见的固定电阻器有哪些，常见的可变电阻器又有哪些，你认识它们吗，会写出它们的符号吗，知道它们的用途吗？

表 1-1-5　常见固定电阻器比较表

序号	名称	符号	主要用途
1	碳膜电阻器		
2	金属膜电阻器		
3	金属氧化膜电阻器		
4	线绕电阻器		
5	水泥电阻器		
6	熔断电阻器		

表 1-1-6　常见可变电阻器比较表

序号	名称	符号	主要用途
1	半可调电阻器		
2	碳膜电位器		
3	绕线电位器		

续 表

序号	名称	符号	主要用途
4	实心电位器		
5	直滑式电位器		
6	开关电位器		

(2)电阻器电阻值和允许误差的标注方法有哪些？你能识读电阻的阻值和允许误差吗？

表 1-1-7 电阻器电阻值和允许误差的标注方法比较表

序号	标注方法	电阻值识读要点	允许误差识读要点
1	直标法		
2	文字符号法		
3	数码法		
4	色标法		

(3)如何用万用表检测固定电阻器和电位器？你会检测吗？

表 1-1-8 电阻器和电位器检测要点比较表

序号	元件	检测要点
1	电阻器	
2	电位器	

(4)你能说明电阻器型号的意义吗？如何根据电路要求选用电阻器？

表 1-1-9 电阻器型号的意义

组成	第 1 部分	第 2 部分	第 3 部分	第 4 部分
意义				

(5)如何根据电路要求选用电阻器？

表 1-1-10 选用电阻器的基本方法

序号	内容	选择要点
1	选择类型	
2	选择主要参数	

项目二　认识电容器

项目描述

随着电子信息技术的日新月异，数码电子产品的更新换代也越来越快，以平板电视(LCD和PDP)、笔记本电脑、数码相机等产品为主的消费类电子产品销量的持续增长，带动了电容器产业的增长，同时也带动了相关材料、设备行业的发展，中国已经成为全球电容器生产的大国。

项目目标

1. 会认识电容器的外形、符号，知道电容器的特点
2. 会识读电容器的标称容量、允许误差
3. 会识别有极性电容器的正、负极性

项目实施

任务一　了解产品的功能

1. 电容器与电容

电容器，简称电容，任何 2 个彼此绝缘又相互靠近的导体都可以构成电容器，这 2 个导体称为电容器的 2 个极板，中间的绝缘材料称为电容器的介质。

电容器最基本的特性是能够储存电荷。

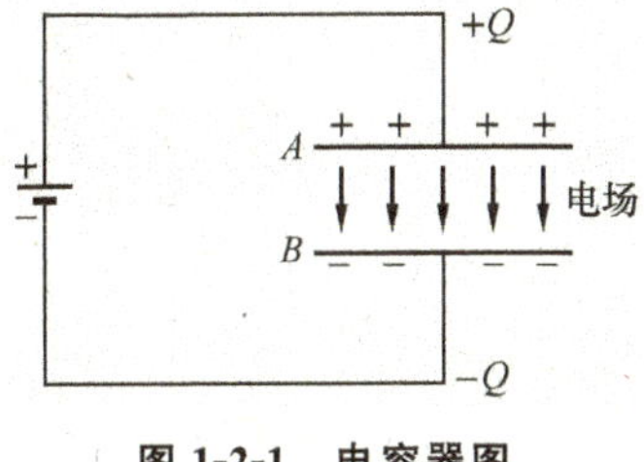

图 1-2-1　电容器图

电容器所储存的电荷量与 2 极板间的电压的比值是一个常数，称为电容器的电容量，简称电容，用字母 C 表示，用公式表示为：

$$C=\frac{Q}{U}$$

电容量的单位是法拉，简称法，用符号 F 表示。通常用远远小于法拉的单位微法(μF)和皮法(pF)：

$$1\ \mu F=10^{-6}F \qquad 1pF=10^{-12}F$$

2. 电容器的分类

按结构形式分：固定电容器、可变电容器、半可变电容器。
按有无极性分：无极性电容器、有极性电容器。
按介质材料分：纸介电容器、陶瓷电容器、云母电容器、涤纶电容器等。

任务二　常用的电容器识别

识一识　常用的电容器识别

1. 认识常见固定电容器的图形符号和外形

固定电容器是容量不可改变的电容器。电容器的电路图形符号如图 1-2-2 所示，文字称号为 C。

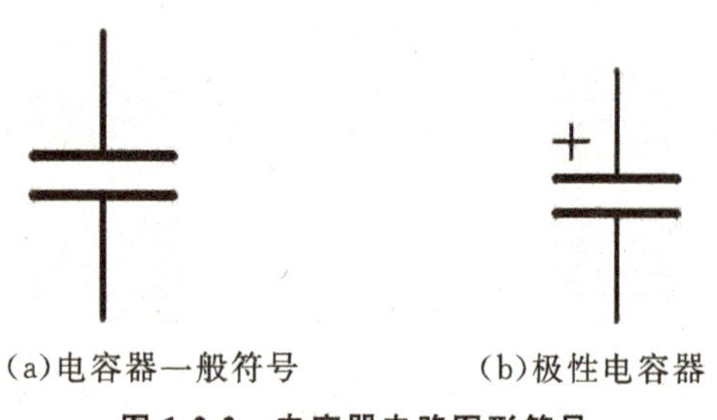

(a)电容器一般符号　　(b)极性电容器

图 1-2-2　电容器电路图形符号

(1)有极性电容器的识别。

①铝电解电容器。铝电解电容器是由铝圆筒做负极，里面装有液体电解质，插入一片弯曲的铝带做正极而制成的电容器。适用于低频电路中，常用在交流旁路和滤波电路中。如图 1-2-3 所示。

图 1-2-3　铝电解电容器

②钽电解电容器。钽电解电容器是以金属钽作为正电极的电容器，用稀硫酸等配液做负极，用钽表面生成的氧化膜做介质制成。适用于高精密的电子电路中。如图 1-2-4 所示。

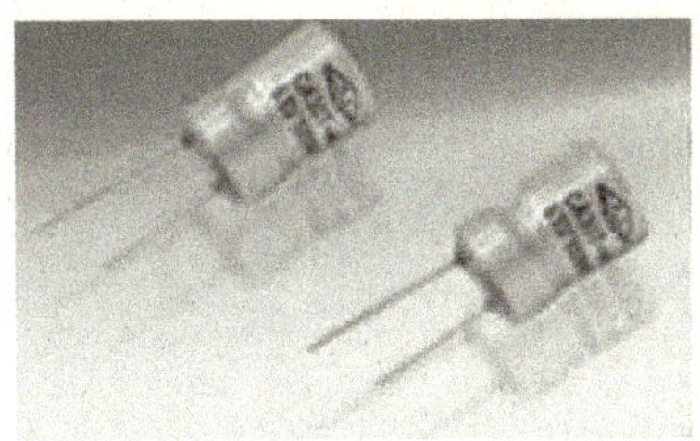
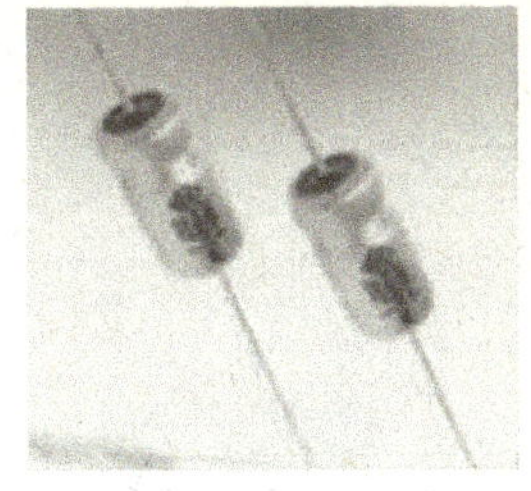

图 1-2-4　钽电解电容器

③铌电解电容器。铌电解电容器是以金属铌作为正电极的电容器，用稀硫酸等配液做负极，用铌表面生成的氧化膜做介质制成。适用于高精密的电子电路中。如图 1-2-5 所示。

图 1-2-5　铌电解电容器

(2)无极性电容器的识别。

①纸介电容器。纸介电容器是以两条铝箔作为电极，并在中间用电容纸隔开铝箔电极卷绕而制成的电容器。一般适用于低频电路中。如图 1-2-6 所示。

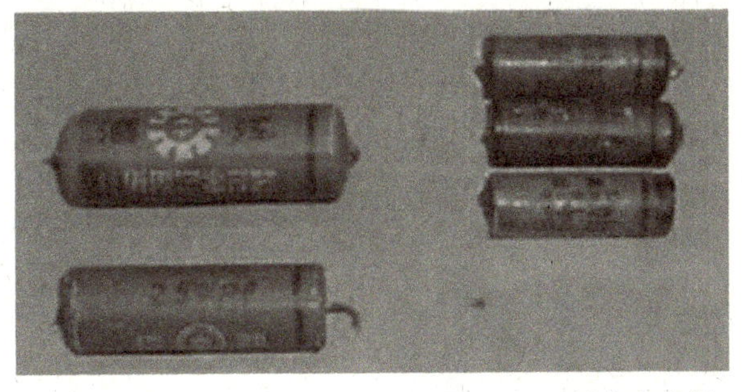

图 1-2-6　纸介电容器

②陶瓷电容器。陶瓷电容器是以陶瓷材料作为介质，在陶瓷上覆银制成电极，并在外层涂上各种颜色的保护漆而制成的电容器，它又分高频陶瓷介电容器(CC)和低频陶瓷介电容器(CT)2 种，适用于高、低频电路中。如图 1-2-7 所示。

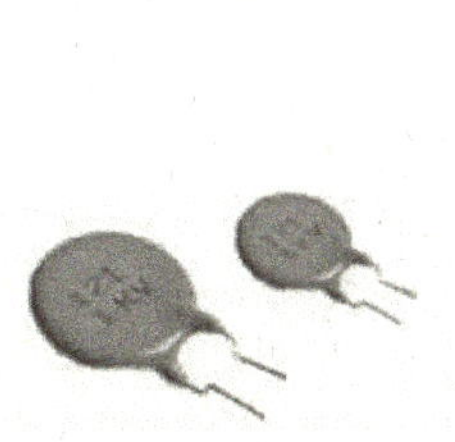
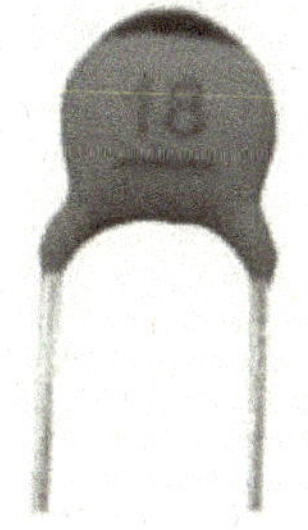

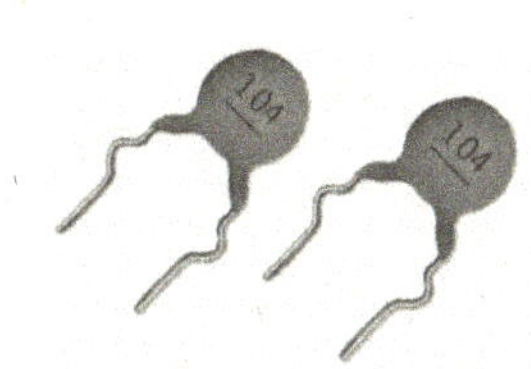

图 1-2-7　陶瓷电容器

③涤纶(聚酯)电容器。涤纶电容器以涤纶薄膜作为介质,以金属箔或金属化薄膜为电极而制成的电容器。适用于稳定性要求不高的电路。如图 1-2-8 所示。

图 1-2-8　涤纶电容器

④云母电容器。云母电容器是以云母作为介质的电容器,以金属箔或者在云母上喷涂银做电极板,电极板和云母层叠后封固而制成的电容器。适用于高频线路。如图 1-2-9 所示。

图 1-2-9　云母电容器

⑤聚苯乙烯电容器。聚苯乙烯电容器是以聚苯乙烯薄膜为介质,以金属箔或金属化薄膜为电极而制成的电容器。适用于高频电路。如图 1-2-10 所示。

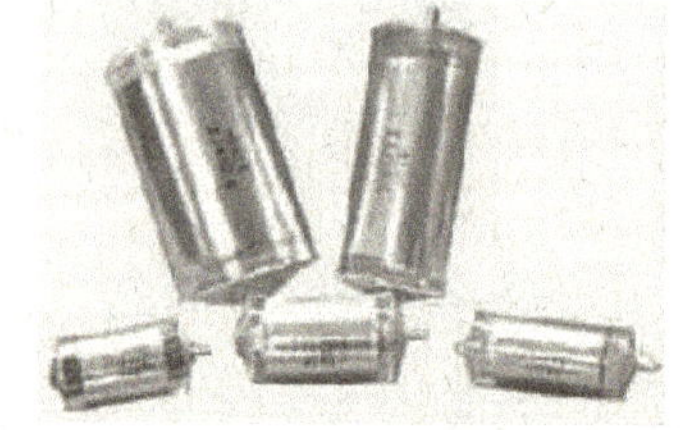

图 1-2-10　聚苯乙烯电容器

⑥玻璃釉电容器。玻璃釉电容器是以玻璃釉粉为介质,将玻璃釉粉压制成薄片,通过调整釉粉的比例来得到不同性能的电容器。适用于半导体电路或小型电子仪器中的交、直流电路和脉冲电路。如图 1-2-11 所示。

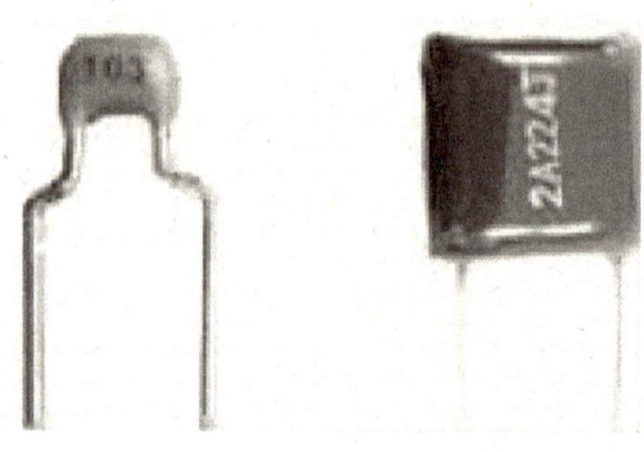

图 1-2-11　玻璃釉电容器

2.认识常见可变电容器的图形符号和外形

表 1-2-1　常见可变电容器和半可变电容器

序号	名称	实物图	符　号	说　明
1	陶瓷微调电容器		 C	主要用于一些频率可调的振荡电路,如收音机输入调谐电路等
2	薄膜微调电容器	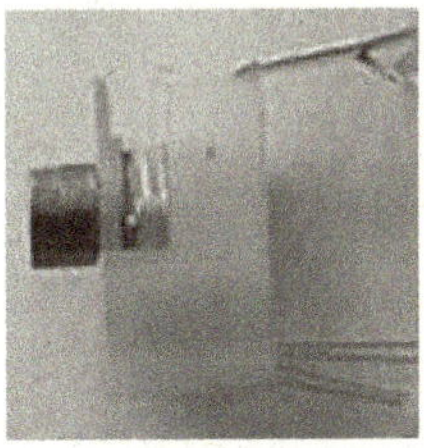	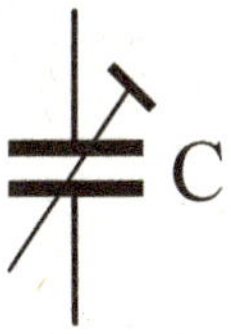 C	主要在收录机,电子仪器等电路中做电路补偿用
3	绕线微调电容器	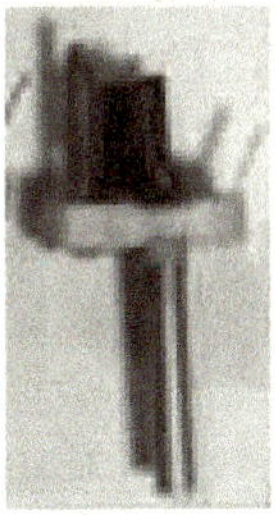	 C	可调容量极小,且拆下的铜丝不可反复重绕,不适合在反复调试的电路中使用
4	单联可调电容器			主要在收音机输入调谐电路中,做选台调谐
5	双联可调电容器		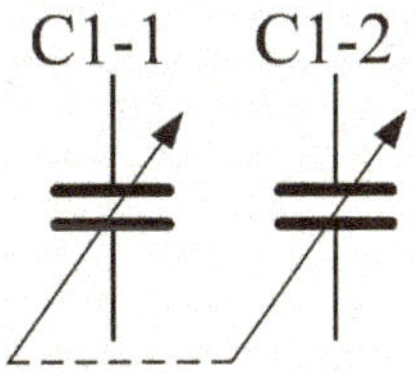 C1-1　C1-2	主要用于外差式收音机

续　表

序号	名称	实物图	符　　号	说　　明
6	四联可调电容器		C1-1 C1-2 C1-3 C1-4	主要用于调频收音机调谐电路
7	空气介质可调电容器		C1-1　C1-2	主要用于电子仪器、广播电视设备等

任务三　电容器的读数

元器件的检测是一项基本功，如何准确有效地检测元器件的相关参数，判断元器件是否正常，不是一件千篇一律的事，必须根据不同的元器件采用不同的方法，从而判断元器件的正常与否。

读一读　各种电容器的参数

1. 识读电容器的电容量

(1)直标法。电容器的各种参数直接用数字标注在电容器上的表示方法。如图 1-2-12 所示。

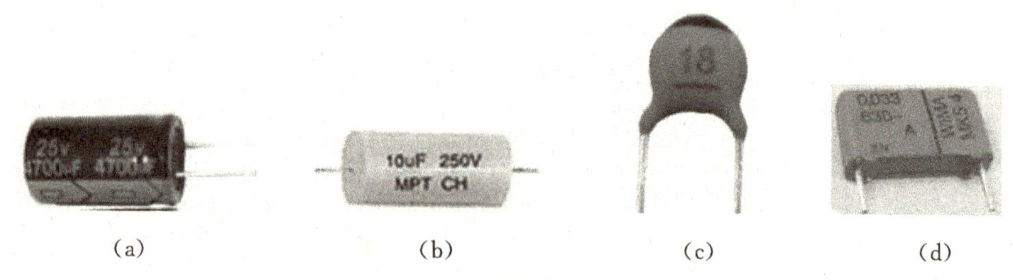

图 1-2-12　电容器直标法

(2)文字符号法。文字符号法是由数字和字母相结合表示电容器的容量，文字符号前面的数字表示整数值，字母符号后面的数字表示小数点后面的小数值，容量单位标志符号所在位置为小数点的位置。如图 1-2-13 所示。

图 1-2-13　电容器文字符号法

(3)数码法。标称容量一般用3位数字来表示容量的大小,前二位数字表示有效数字,第三位数字表示指数,即零的个数,单位为pF。如图1-2-14所示。

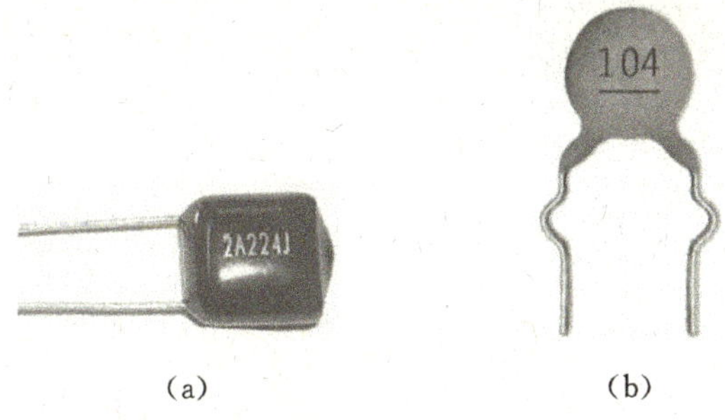

(a)　　　　(b)

图1-2-14　电容器数码法

(4)色标法。色标法是用不同颜色的带或点在电容器表面标出标称容量和允许误差。电容器的色码一般只有3环,前二环色码表示有效数字,第三环色码表示倍率,标称容量单位为pF。如图1-2-15所示。

图1-2-15　电容器色码表示法

4. 识别电容器的极性

对于有极性的电容器,可以从外观识别其正、负极性。

(1)未使用过的电解电容器以引线的长短来区分电容器的正、负极,长引线为正极,短引线为负极。如图1-2-16所示。

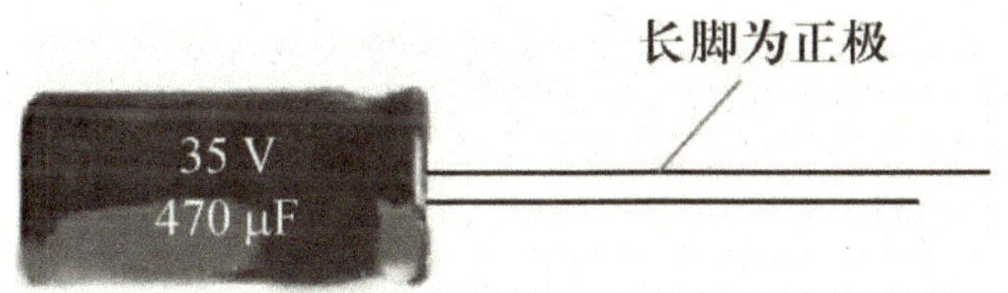

图1-2-16　以引线的长短来区分电容器的正、负极

(2)也可以通过电容器外壳标注来区分,如有些电容器外壳标注负号对应的引线为负极,如图1-2-17所示。

图1-2-17　通过电容器外壳标注来区分

任务四 电容器延伸知识的了解

学一学 电容器延伸知识的了解

1. 平行板电容器

最简单的电容器是平行板电容器，它由 2 块相互平行且靠得很近而又彼此绝缘的金属板组成，2 块金属板就是电容器的 2 个极板，中间的空气即为电容器的介质。

平行板电容器的电容量与电介质的介电常数及极板面积成正比，与 2 极板间的距离成反比，用公式表示为

$$C=\frac{\varepsilon S}{d}$$

2. 超级电容器

超级电容器又称超大容量电容器、金电容、黄金电容、储能电容、法拉电容、电化学电容器或双电层电容器(Electric Double-Layer Capacitors, EDLC)，是靠极化电解液来存储电能的新型电化学装置。如图 1-2-18 所示。

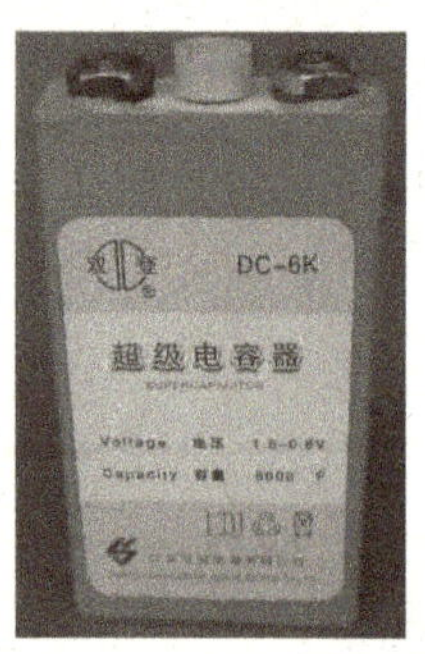

图 1-2-18 超级电容器

3. 独石电容器

独石电容器又称多层陶瓷电容器，具有体积小、容量大、高可靠性和耐高温的优点，适用于旁路、滤波、振荡电路中。如图 1-2-19 所示。

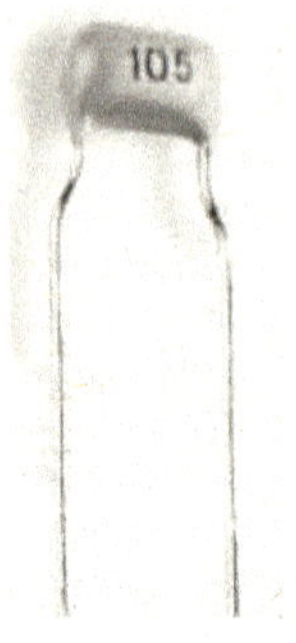

图 1-2-19 独石电容器

任务五 用万用表检测电容器

试一试 整机装配与调试

1.用万用表判断电解电容器的正、负极性

(1)选择量程。

(2)将万用表的红、黑表笔任意搭接电容器的两电极,测得其漏电电阻的大小。

(3)将电容器2个电极短路进行放电。

(4)交换万用表的红、黑表笔再次进行测量,测得漏电电阻的大小。

(5)比较2次测得的漏电电阻大小,漏电电阻阻值大的那次,黑表笔所接为电容器的正极,红表笔为电容器的负极。

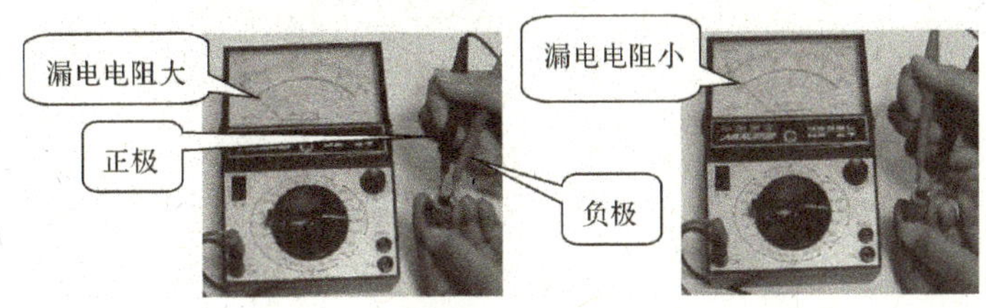

图1-2-20 万用表检测电解电容器正、负极性

2.用万用表检测电容器质量

(1)选择量程。

(2)将万用表红、黑表笔分别接在电容器电极的引脚上。表笔刚接触的瞬间,万用表指针即向右偏转较大幅度,接着缓慢向左回归无穷大刻度处,如图1-2-21所示。然后,对电容器放电,将红、黑表笔对调,万用表指针将重复上述摆动现象。

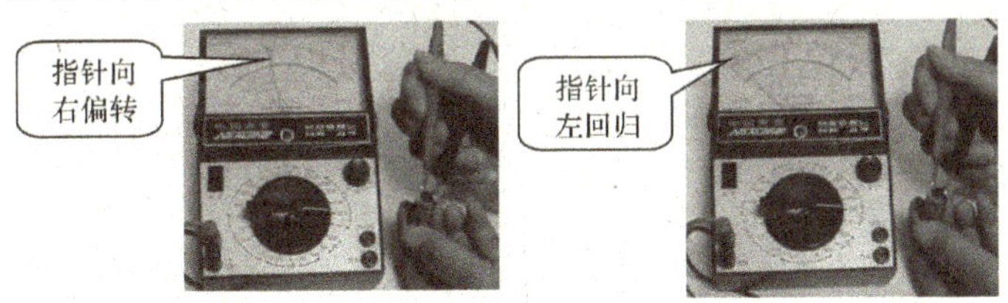

图1-2-21 万用表检测电容器

(3)如果万用表指针不动,则说明电容器内部断路,或者电容器容量太小,充放电电流太小,不足以让指针偏转。如图1-2-22所示。

(4)如果万用表的指针向右偏转到零刻度后,不再向左回归,则说明电容器内部短路。如图1-2-23所示。

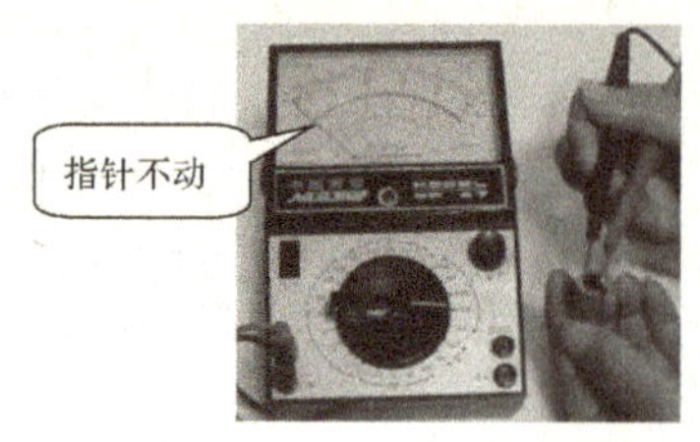

图 1-2-22　电容器内部断路

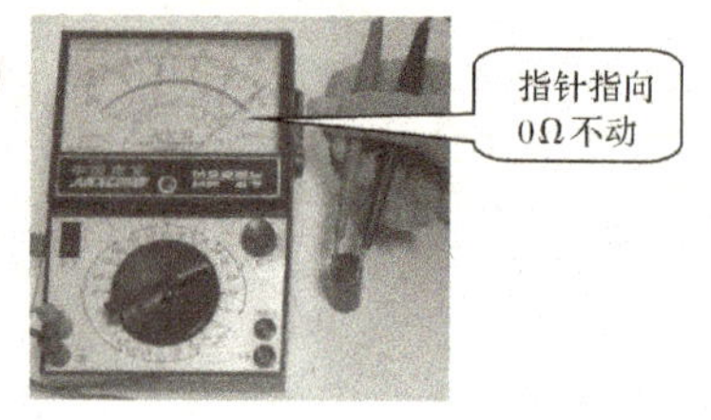

图 1-2-23　电容器内部短路

(5)如果万用表的指针不能回归到无穷大刻度，而是停在阻值小于 500kΩ 的刻度处，则说明电容器漏电严重。如图 1-2-24 所示。

图 1-2-24　电容器漏电

任务六　任务拓展训练

拓展训练

(1)常见的固定电容器有哪些？常见的可变电容器又有哪些？你认识它们吗？会写出它们的符号吗？能判别它们的极性吗？了解它们的用途吗？

表 1-2-2　常见固定电容器比较表

序号	名称	符号	主要用途
1	铝电解电容器		
2	钽电解电容器		
3	铌电解电容器		
4	纸介电容器		
5	陶瓷电容器		
6	涤纶电容器		
7	云母电容器		
8	聚苯乙烯电容器		
9	玻璃釉电容器		

表 1-2-3　常见可变电容器比较表

序号	名称	符号	主要用途
1	陶瓷微调电阻器		
2	薄膜微调电容器		
3	绕线微调电容器		
4	单联可调电容器		
5	双联可调电容器		
6	四联可调电容器		
7	空气介质可调电容器		

(2)电容器标称容量和允许误差标注方法有哪些？你能识读电容器标称容量和允许误差吗？

表 1-2-4　电容器标称容量和允许误差标注方法比较表

序号	标注方法	标称容量识读要点	允许误差识读要点
1	直标法		
2	文字符号法		
3	数码法		
4	色标法		

(3)如何用万用表检测电解电容器极性及质量吗？你会检测吗？

表 1-2-5　电容器检测要点

元件	检测要点
电容器	

(4)你能说明电容器型号的意义吗？如何根据电路要求选用电容器？

表 1-2-6　电容器型号的意义

组成	第 1 部分	第 2 部分	第 3 部分	第 4 部分
意义				

(5)如何根据电路要求选用电容器？

表 1-2-7　选用电容器的基本方法

序号	内容	选择要点	
1	选择类型		
2	选择主要参数		

(6)纯电容交流电路中,电压与电流的关系如何?它们的有功功率、无功功率分别为多少?

表 1-2-8 纯电容交流电路比较表

电路	阻抗	电压与电流关系		功　　率	
		数量关系	相位关系	有功功率	无功功率
纯电容电路					

项目三　认识电感器和变压器

项目描述

电感器用导线绕成一匝或多匝以产生一定自感量的电子元件，常称为电感线圈，简称线圈。为了增加电感量、提高 Q 值及缩小体积，常在线圈中插入磁芯。在高频电子设备中，印制电路板上一段特殊形状的铜皮也可以构成一个电感器，通常把这种电感器称为印制电感或微带线。

项目目标

1. 会识别电感器的外形、符号，并熟悉它们的特点
2. 会用万用表检测电感器，判断电感器的质量
3. 会识别变压器的外形、符号，知道变压器的分类与特点
4. 熟悉小型变压器的结构与用途

项目实施

任务一　了解产品的功能

1. 电感器基本知识

电感器是用绝缘导线绕成一匝或多匝以产生一定自感量的电子元件，常称电感线圈，简称线圈。电感器是电子电路中常用的元器件之一。

2. 电感器分类

按结构形式分：固定电感器、可变电感器。
按导磁体性质分：空心电感器、铁心电感器、磁心电感器、铜心电感器。
按绕线结构分：单层线圈、多层线圈、蜂房式线圈。
按用途分：天线线圈、振荡线圈、扼流线圈、陷波线圈、偏转线圈。

3. 变压器的基本知识

变压器是由一个矩形铁芯和 2 个互相绝缘的线圈所组成的装置，是利用互感原理工作的，如图 1-3-1 所示。2 个线圈中，左边一个线圈与交流电源相接，称为原线圈，又称初级线

圈或一次线圈(一次侧),右边一个线圈与用电设备(如电灯、电动机等)或电路元件(如电阻、电感等)相接叫副线圈,又称次级线圈或二次线圈(二次侧)。

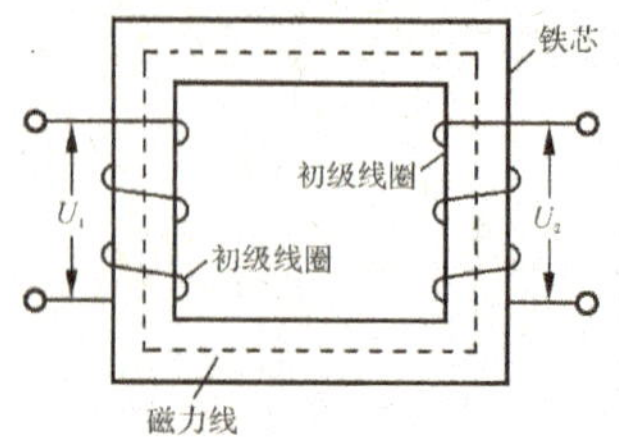

图 1-3-1 最简单的变压器

4. 变压器的分类

- 按用途分:电源变压器、调压变压器、音频变压器、中频变压器、高频变压器。
- 按相数分:三相变压器、单相变压器。
- 按绕组形式分:三绕组变压器、双绕组变压器和自耦变压器。
- 按铁芯形式分:心式变压器、壳式变压器、环形变压器。
- 按冷却方式分:油浸式变压器、干式变压器、充气式变压器、蒸发冷却变压器。

任务二 电感器及变压器的识别

识一识 电感器与变压器的识别

1. 认识常见电感器的图形符号和外形

电感器是用绝缘导线绕制而成的电磁感应元件,在电路中用字母“L”表示。

(1)空心电感器。又称空心电感线圈,由导线一圈又一圈地绕在绝缘管上,导线彼此互相绝缘,绝缘管是空心的。如图 1-3-2 所示。

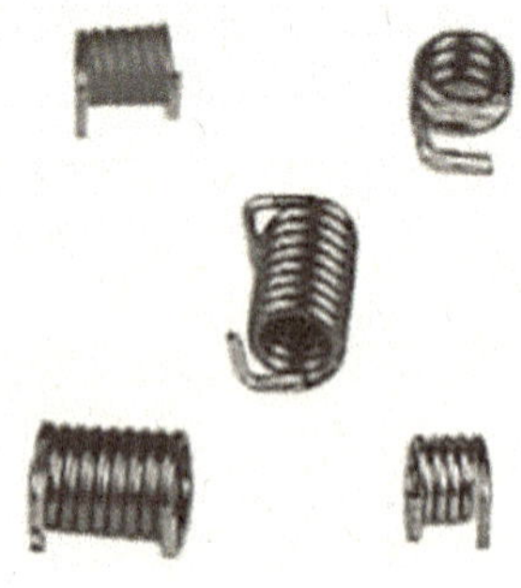

(a)空心电感器

(b)空心电感器图形符号

图 1-3-2 空心电感器实物图与图形符号

(2)磁心电感器。又称磁心电感线圈,由漆包线环绕在磁心或磁棒上制成。如图 1-3-3 所示。

(a)磁心电感器实物图　　(b)磁心电感器图形符号

图 1-3-3　磁心电感器实物图与图形符号

(3)铁芯电感器。又称铁芯电感线圈。铁芯电感器由漆包线环绕在铁芯上制成。如图 1-3-4 所示。

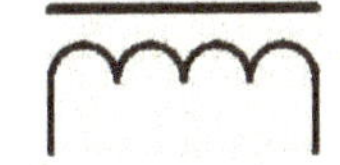

(a)铁芯电感器实物图　　(b)铁心电感器图形符号

图 1-3-4　铁芯电感器实物图与图形符号

(4)可调电感器。又称可调电感线圈,是在线圈中加装磁心,并通过调节其在线圈中的位置来改变电感量。如图 1-3-5 所示。

(a)可调电感器实物图　　(b)可调电感器图形符号

图 1-3-5　可调电感器实物图与图形符号

表 1-3-1 其他常见电感器

序号	名称	实物图	用途
1	高频扼流线圈		常用在高频电路中
2	低频扼流线圈		常用在低频电路中，如音频电路、电源滤波电路
3	色码电感器		色码电感器是一种高频电感器，工作频率范围一般在 10kHz～200MHz，电感量在 0.1～3 300μH 范围内

2. 识读电感器的电感量

(1)直标法。直标法是指在小型固定电感器的外壳上直接用文字标注出电感器的主要参数，如电感量、误差值、最大直流工作电流等。

表 1-3-2 小型固定电感器的工作电流与字母的对应关系

字母	A	B	C	D	E
最大工作电流(mA)	50	150	300	700	1600

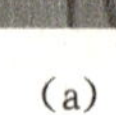

(a)

(b)

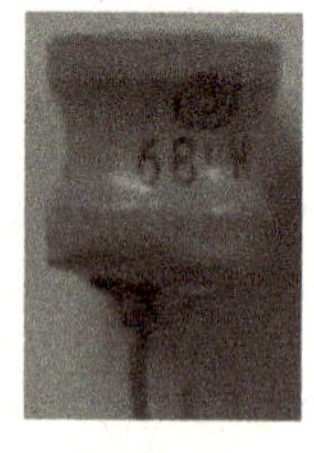

(c)

(d)

图 1-3-6 电感器直标法

(2)数码法。数码法是在电感器上采用 3 位数码表示标称电感值的方法。数码从左到右，第一、二位表示电感的有效值，第三位表示指数，即零的个数，小数点用 R 表示，单位为微亨(μH)。如图 1-3-7 所示。

(a)

(b)

图 1-3-7　电感器数码法

(3)色标法。色标法是指在电感器的外壳涂上各种不同颜色的环，用来标注其主要参数。电感器色标法的数字与颜色的对应关系与电阻色标法相同。如图 1-3-8 所示。

(a)电感器色标法　　(b)色码电感器

图 1-3-8　电感器色标法图

3. 认识常见小型变压器的符号

变压器的一般图形符号如图 1-3-9 所示，文字符号为 T。

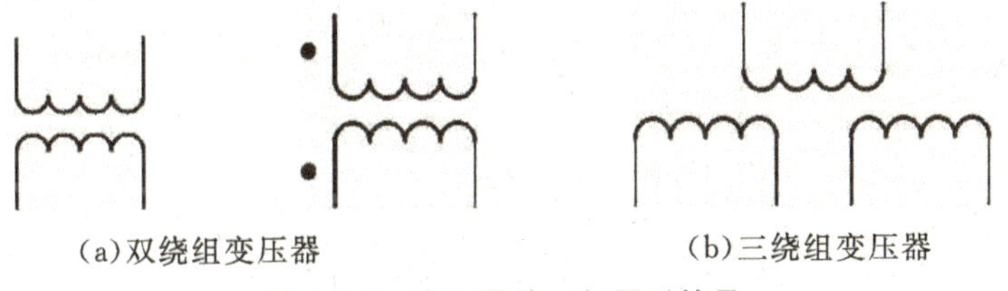

(a)双绕组变压器　　(b)三绕组变压器

图 1-3-9　变压器的一般图形符号

4. 认识常见变压器的外形和用途

(1)电源变压器。电源变压器的功能是功率传送、电压变换和绝缘隔离，作为一种主要的软磁电磁元件，在电源技术和电力电子技术中得到广泛的应用。如图 1-3-10 所示。

(a)　　(b)

图 1-3-10　小型电源变压器

（2）音频变压器。音频变压器主要用于音频放大电路中，也叫输出、输入变压器。音频变压器在电路中主要起阻抗变换作用。如图 1-3-11 所示。

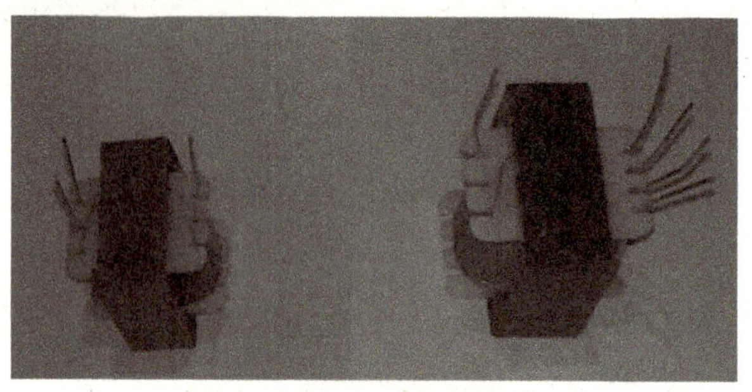

图 1-3-11 音频变压器

（3）中频变压器。中频变压器是指用在中频电路中的变压器。无线电设备采用的中频变压器又称为中周，它是将一、二次绕组绕在尼龙支架（内部装有磁心）上，并用金属屏蔽罩封装而成。如图 1-3-12 所示。

图 1-3-12 中频变压器

（4）高频变压器。高频变压器是指用在高频电路中的变压器。主要用于高频开关电源中做高频开关电源的变压器，也有在高频逆变电源和高频逆变焊机中做高频逆变电源变压器使用的。如图 1-3-13 所示。

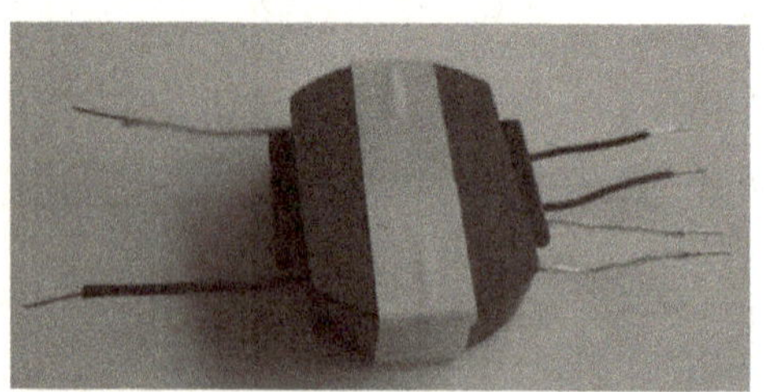

图 1-3-13 高频变压器

（5）环形变压器。环形变压器的铁心是用优质冷轧硅钢片，无缝地卷制而成，这就使得它的铁心性能优于传统的叠片式铁心。广泛应用于家电设备和其他对技术要求较高的电子设备中，它的主要是做电源变压器和隔离变压器使用。如图 1-3-14 所示。

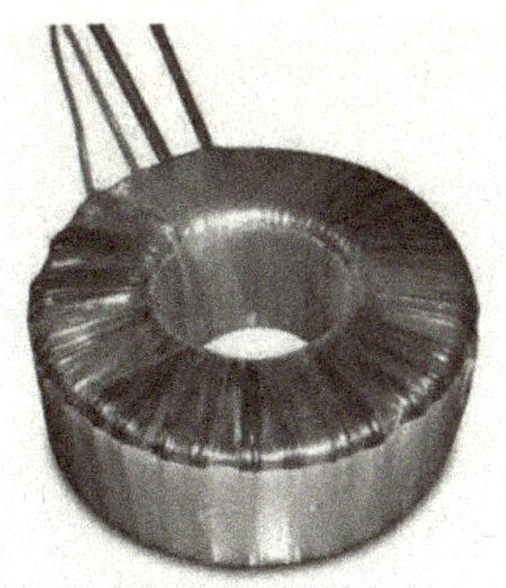

图 1-3-14 环形变压器

(6)电视机行输出变压器。行输出变压器也叫逆程变压器、行回扫变压器,俗称高压包或行变。如图 1-3-15 所示。

(7)天线线圈。收音机中的接收天线线圈,它的作用是将在空中传播的电磁波接收下来,在空中传播的电磁波也是通过这个线圈产生感应电压。如图 1-3-16 所示。

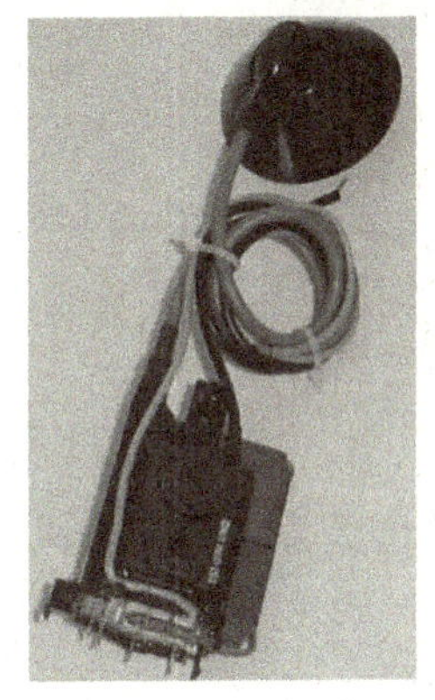

图 1-3-15 电视机行输出变压器

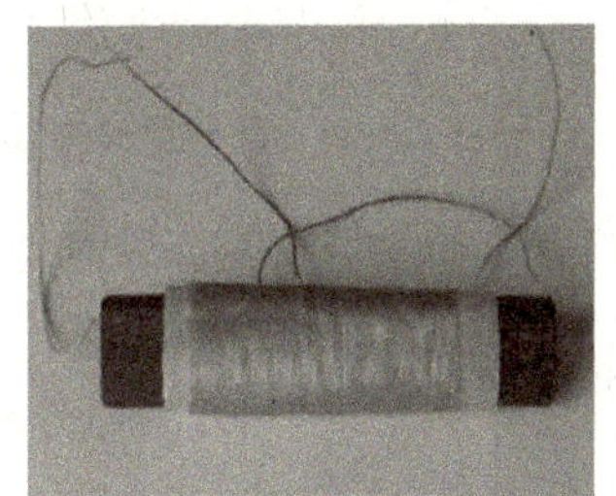

图 1-3-16 天线线圈

任务三 电感器与变压器的检测

元器件的检测是一项基本功,如何准确有效地检测元器件的相关参数,判断元器件是否正常,不是一件千篇一律的事,必须根据不同的元器件采用不同的方法,从而判断元器件的正常与否。

测一测 电感器与变压器的检测

1. 检查外观
2. 检测直流电阻

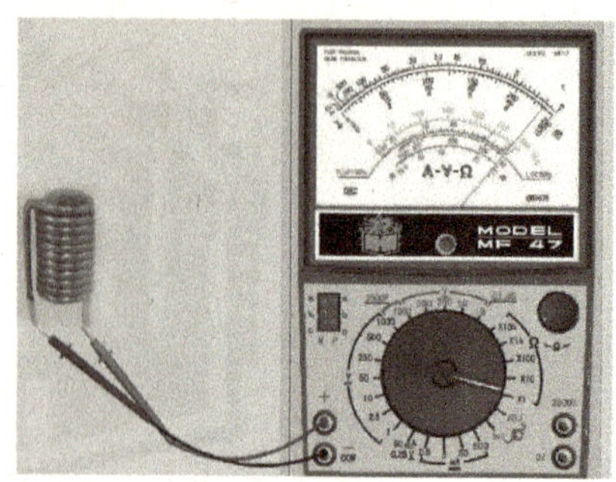

图 1-3-17 用万用表测量电感器直流电阻

3. 检查绝缘

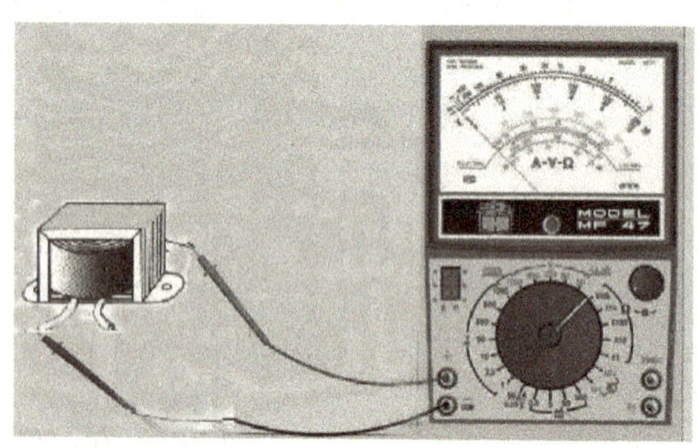

图 1-3-18 用万用表测线圈引线与铁芯或金属屏蔽罩之间的电阻

4. 用万用表检测小型变压器的绕组

(1)用万用表检测小型变压器的绕组的方法。将万用表拨至合适的电阻挡，按照小型变压器的各绕组引脚排列规律，逐一检查各绕组的通断情况，检测出小型变压器的绕组，进而判断其绕组是否正常。

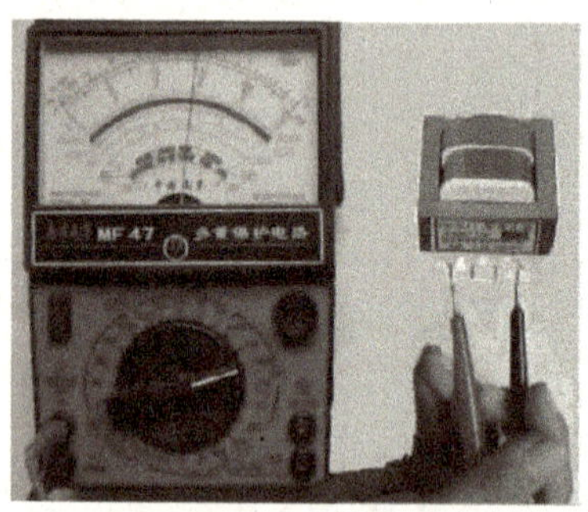

图 1-3-19 用万用表检测小型变压器绕组电阻

(2)初步检测绝缘性能。将万用表置于 R×10kΩ 挡，分别检测初级绕组与次级绕组间的电阻值，初级绕组与外壳之间的电阻值以及次级绕阻与外壳之间的电阻值。

5. 用兆欧表判断小型变压器的质量

将兆欧表的 2 个接线端分别接被测变压器的 2 个测试端，以 120r/min 的速度用手平稳地摇动手柄。

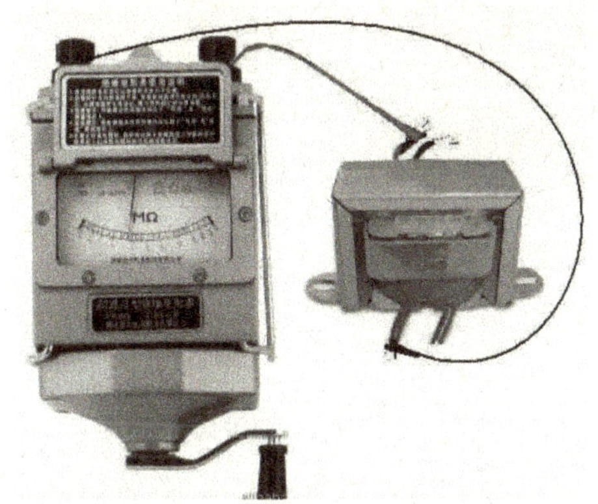

图 1-3-20 用兆欧表检测绝缘电阻

分别用兆欧表测出初级绕组与次级绕组间的电阻值，初级绕组与外壳之间的电阻值及次级绕阻与外壳之间的电阻值。

一般小型变压器（工作电压在 220V 左右的）绝缘电阻值在 2MΩ 以上时为正常，若小于 0.5MΩ 时就不能使用了。

任务四 电感与变压器延伸知识的了解

学一学 电感与变压器延伸知识的了解

1. 电磁感应现象

如图 1-3-21 所示，在匀强磁场中放置一根导体 AB，导体 AB 的两端分别与灵敏电流计的接线柱连接形成闭合回路。闭合回路中的一部分导体相对于磁场做切割磁感线运动时，回路中有电流流过。

如图 1-3-22 所示，空心线圈的两端分别与灵敏电流计的接线柱连接形成闭合回路。当条形磁铁作上下运动中，闭合回路中的磁通发生变化时，回路中有电流流过。

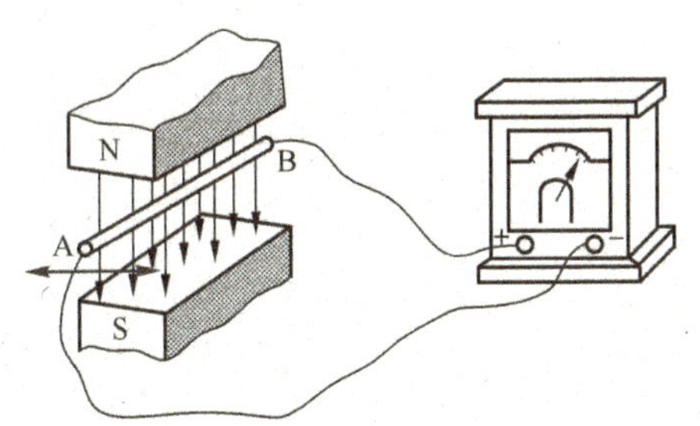

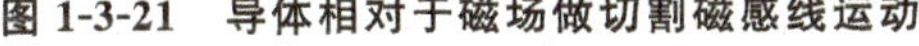

图 1-3-21 导体相对于磁场做切割磁感线运动

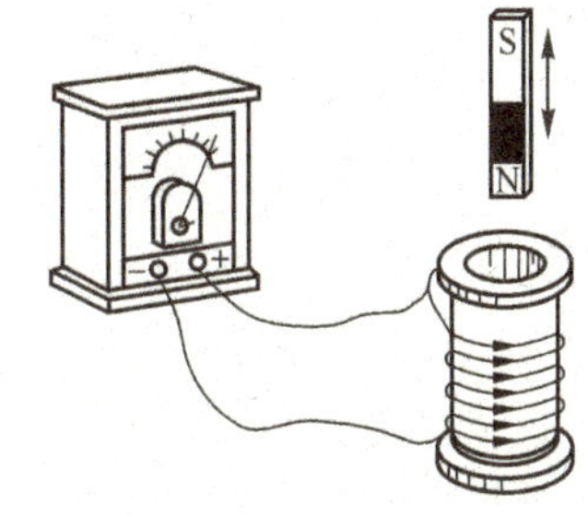

图 1-3-22 条形磁铁在磁场中运动

不论用什么方法，只要穿过闭合回路的磁通发生变化，闭合回路就有电流产生。这种利用磁场产生电流的现象叫作电磁感应现象，用电磁感应的方法产生的电流叫作感应电流。

2. 自感现象

如图 1-3-23 所示，HL1、HL2 是 2 个完全相同的灯泡，L 是一个电感较大的线圈，调节可变电阻 R 使灯泡 HL1、HL2 亮度相同。当开关 S 闭合瞬间，与可变电阻 R 串联的灯泡

HL2 立刻正常发光，与电感线圈 L 串联的灯泡 HL1 逐渐变亮。

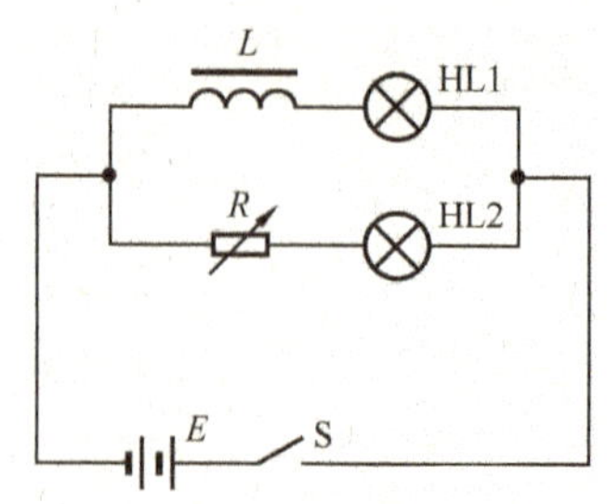

图 1-3-23 串联电阻圈图

如图一所示，灯泡 HL 与铁芯线圈 L 并联在直流电源上。当开关 S 闭合后，灯泡正常发光，接着马上将开关 S 断开。在开关 S 断开的瞬间，灯泡不是立即熄灭，而是发出更强的光，然后再慢慢熄灭。

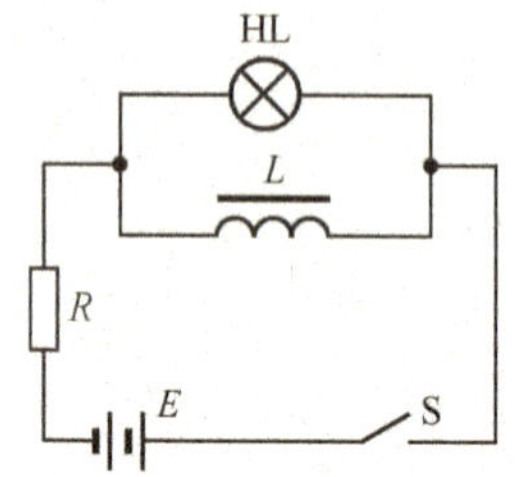

图 1-3-24 并联电感线圈图

由于线圈本身电流发生变化而产生电磁感应的现象叫自感现象，简称自感。在自感现象中产生的感应电动势，叫自感电动势。

3. 自感系数

自感系数，简称电感，用字母 L 表示。电感的单位是亨利，用符号 H 表示。常用单位有毫亨(mH)、微亨(μH)。

$$1\text{H}=10^{3}\text{mH}=10^{6}\ \mu\text{H}$$

4. 互感现象

当线圈 A 中的电流发生变化时，线圈 B 产生了感应电动势。由于一个线圈的电流变化，导致另一个线圈产生感应电动势的现象，称为互感现象。在互感现象中产生的感应电动势，叫互感电动势。如图 1-3-25 所示。

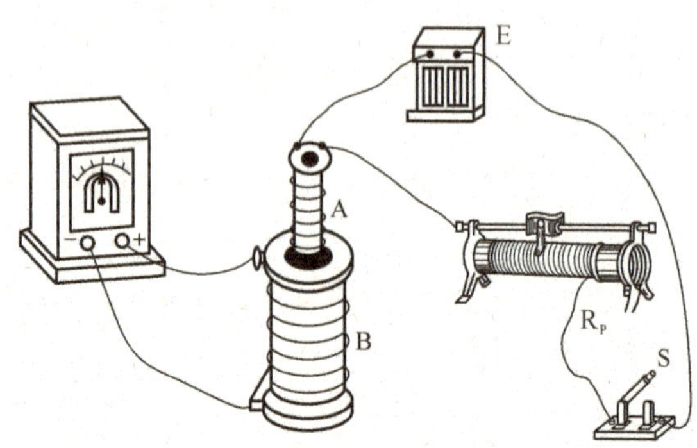

图 1-3-25 研究互感现象

5.变压器的基本原理

(1)变换交流电压。

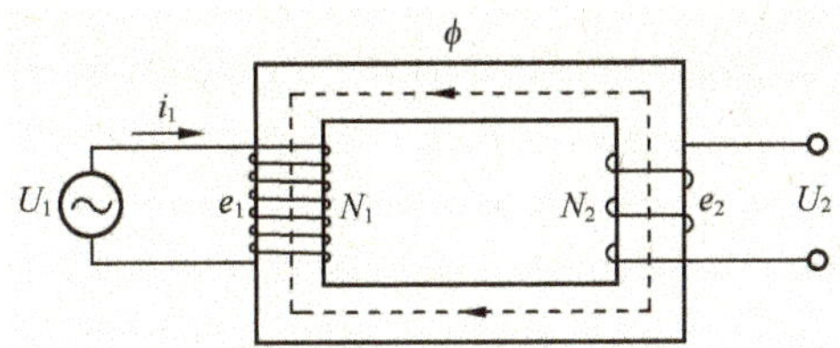

图 1-3-26　变压器空载运行原理图

设原线圈匝数为 N_1，副线圈匝数为 N_2，忽略线圈内阻，变压器原、副线圈的电压比

$$\frac{U_1}{U_2}=\frac{N_1}{N_2}=n$$

式中，n 为变压器的变压比。

(2)变换交流电流。

$$\frac{I_1}{I_2}=\frac{U_2}{U_1}=\frac{N_2}{N_1}=\frac{1}{n}$$

(3)变换交流阻抗。

变压器负载运行时，设变压器初级输入阻抗为 Z_1，次级负载阻抗为 Z_2，则

$$Z_1=n^2Z_2$$

6.电源变压器的主要参数

(1)工作频率。

(2)额定功率。

(3)额定电压。

(4)电压比。

(5)空载电流。

(6)空载损耗。

(7)效率。

(8)绝缘电阻。

7.音频变压器的主要参数

(1)频率响应。

(2)通频带。

(3)初、次级阻抗比。

任务五　任务拓展训练

拓展训练

(1)常见的电感器有哪些？你认识它们吗？会写出它们的符号吗？知道它们的用途吗？

表 1-3-3 常见电感器比较表

序 号	名 称	符 号	主要用途
1	空心电感器		
2	磁芯电感器		
3	铁芯电感器		
4	可调电感器		
5	高频扼流线圈		
6	低频扼流线圈		
7	色码电感器		

(2)电感器电感量的标注方法有哪些？你能识读电感器的电感量吗？

表 1-3-4 电感器电感量的标注方法比较表

序号	标注方法	电感量识读要点
1	直标法	
2	数码法	
3	色标法	

(3)如何用万用表检测电感器的直流电阻值？你会检测吗？

(4)你能说明电感器型号的意义吗？如何根据电路要求选用电感器？

表 1-3-5 电感器型号的意义

组成	第 1 部分	第 2 部分	第 3 部分	第 4 部分
意义				

(5)如何根据电路要求选用电感器？

表 1-3-5 选用电感器的基本方法

序 号	内 容	选择要点
1	选择类型	
2	选择主要参数	

(6)纯电感交流电路中,电压与电流的关系如何？它们的有功功率、无功功率分别为多少？

表 1-3-6 纯电感交流电路比较表

电路	阻抗	电压与电流关系		功 率	
		数量关系	相位关系	有功功率	无功功率
纯电感电路					

(7)常见的小型变压器有哪些？你认识它们吗？会写出它们的符号吗？知道它们的用

途吗？

表 1-3-7　常见小型变压器比较表

序号	名称	主要用途
1	电源变压器	
2	音频变压器	
3	中频变压器	
4	高频变压器	
5	环形变压器	
6	电视机行输出变压器	
7	天线线圈	

(8)如何用万用表检测小型变压器？你会检测吗？

表 1-3-8　万用表检测小型变压器的检测要点

序号	项目	检测要点
1	绕组电阻	
2	绝缘电阻	

(9)如何用兆欧表检测小型变压器？你会检测吗？写出检测要点。

项目四　认识半导体分立元件

项目描述

目前，中国的半导体分立元件产业已经在国际市场占有举足轻重的地位，并保持着持续、快速、稳定的发展。随着电子整机、消费类电子产品等市场的持续升温，半导体分立元件仍有很大的发展空间，因此，有关 SIC 基、GSN 基以及封装等新技术新工艺的发展，新型分立元件在汽车电子、节能照明等热点领域的应用前景也成了广受关注的问题。

项目目标

1. 会识别二、三极管，晶闸管的外形和符号，识别它们的型号和极性。
2. 会用万用表检测二、三极管，判断二、三极管的质量。
3. 会根据实际需要选用二、三极管，晶闸管。
4. 会连接和分析二、三极管，晶闸管常用的电路。

项目实施

任务一　了解产品的功能

电子产品根据其导电性能分为导体和绝缘体，半导体介于导体和绝缘体之间，半导体元器件以封装形式又分为“分立”和“集成”。如：二极管、三极管、晶体管等。

1. 半导体材料的导电特性

半导体，是指导电性能介于导体和绝缘体之间的一类物质。

(1)掺杂性。二极管、三极管、场效应管、晶闸管，都是利用半导体的掺杂特性。

(2)光敏性。利用这一特性，可以制成光敏电阻、光敏二极管和光敏三极管等。

(3)热敏性。利用这一特性，可以制成热敏电阻，常用在工业自动控制装置中。

2. PN 结

不加杂质的纯净半导体，称为本征半导体。

在纯净的半导体中加入极微量的其他元素，得到的半导体称为杂质半导体。

在本征半导体中掺入适量的三价元素，就形成 P 型半导体。

在本征半导体中掺入适量的五价元素，就形成 N 型半导体。

在 P 区和 N 区的交界面形成一个具有特殊电性能的薄层，称为 PN 结。PN 结具有单向导电性。如图 1-4-1 所示。

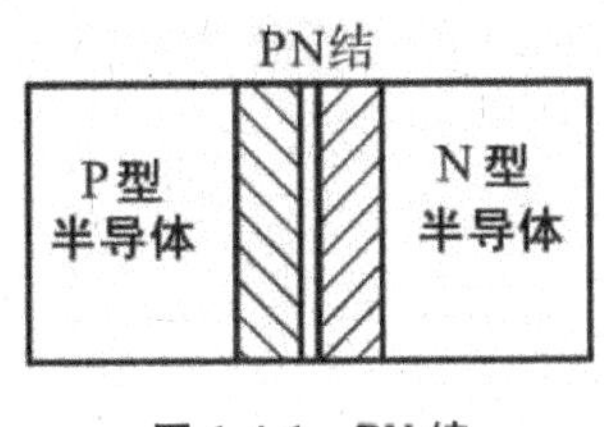

图 1-4-1　PN 结

3. 二极管的分类

晶体二极管简称二极管。它由一个 PN 结加上电极引线和管壳构成。如图 1-4-2 所示。

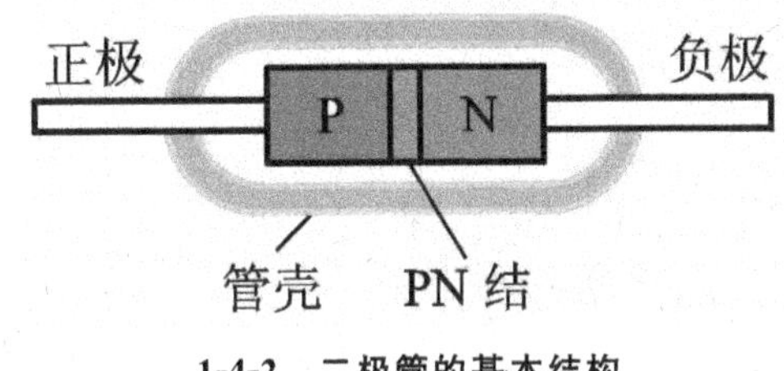

1-4-2　二极管的基本结构

- 按制作材料分：硅二极管、锗二极管。
- 按结构形式分：点接触型、面接触型、平面型二极管。
- 按用途分
  - 普通二极管：整流二极管、检波二极管、开关二极管。
  - 特殊二极管：稳压二极管、发光二极管、光敏二极管、变容二极管。

4. 三极管

晶体三极管简称三极管，是一种利用输入电流控制输出电流的电流控制型元件，它是由两个 PN 结构成的带 3 个电极的半导体器件，在电路中主要作为放大和开关元件使用。

- 按材料分：锗三极管、硅三极管。
- 按导电类型分：NPN 三极管、PNP 三极管。
- 按制作工艺分：平面型三极管、合金型三极管、扩散型三极管。
- 按封装方式分：金属封装三极管、塑料封装三极管。
- 按功率分：小功率三极管、中功率三极管、大功率三极管。
- 按工作频率分：低频三极管、高频三极管和超高频三极管。
- 按用途分：普通放大三极管、开关三极管、特殊三极管。

5. 晶闸管

晶闸管在电路中能够实现交流电的无触点控制，以小电流控制大电流，并且不像继电器那样控制时有火花产生，而且动作快、寿命长、可靠性好。在调速、调光、调压、调温以及其他各种控制电路中广泛应用。

按控制方式分：普通晶闸管、双向晶闸管、逆导晶闸管、可关断晶闸管(GTO)、BTG晶闸管、温控晶闸管、光控晶闸管
按引脚和极性分：二极晶闸管、三极晶闸管、四极晶闸管
按封装形式分：金属封装晶闸管(螺栓型、平板型、圆壳型)、塑料封装晶闸管(带散热片型、不带散热片型)、陶瓷封装晶闸管
按电流容量分：大功率晶闸管、中功率晶闸管、小功率晶闸管
按关断速度分：普通晶闸管、高频(快速)晶闸管

任务二 常用的分立元件的识别

识一识 常用的分立元件的识别

1. 认识常见二极管的图形符号和外形

二极管的一般图形符号如图1-4-3所示，文字称号为V。常见的二极管有整流二极管、检波二极管、开关二极管等。

图1-4-3 二极管的一般图形称号

(1)整流二极管。整流二极管是用于将交流电能转变为直流电能的半导体器件。如图1-4-4所示。

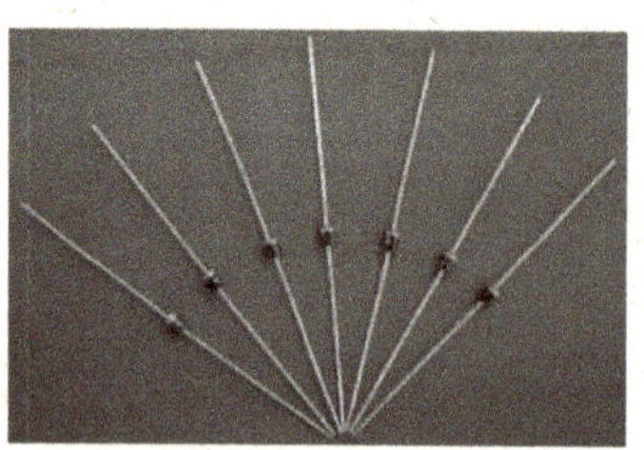

图1-4-4 整流二极管

(2)检波二极管。检波二极管，也称解调二极管，是利用其单向导电性将高频或中频无线电信号中的低频信号或音频信号取出来的器件，它具有较高的检波效率和良好的频率特性。如图1-4-5所示。

图1-4-5 检波二极管

(3)开关二极管。开关二极管是为在电路上进行“开”“关”而进行特殊设计的一种二极

管。它由导通变截止或由截止变导通所需的时间比一般二极管短，即开关速度快。如图 1-4-6 所示。

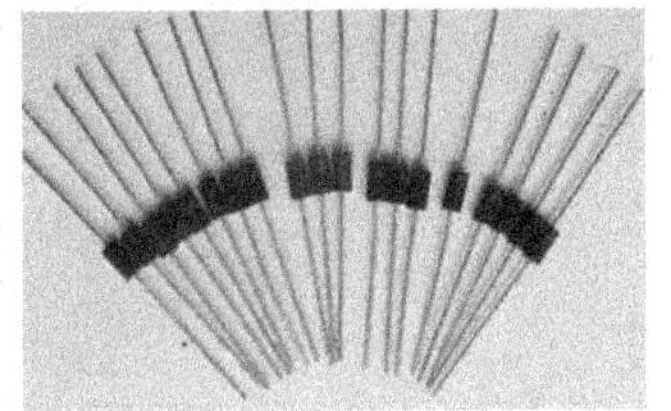

图 1-4-6 开关二极管

2. 认识特殊二极管的图形符号和外形

表 1-4-1 特殊二极管

序号	名称	实物图	符号	用途
1	稳压二极管		VZ	主要用做稳压器或电压基准元件
2	发光二极管		VL	广泛应用于各种电子电路、家用电器、仪表设备中，做电源指示、电平指示，组成文字显示或数字显示等使用
3	光敏二极管		VL	主要用在自动控制中，做为光电检测元件
4	变容二极管		VD	在高频调谐、通信等电路中做可变电容器使用

3. 识别二极管的极性

(1)国产的二极管通常将电路符号印在管壳上，直接标示出引脚极性。如图 1-4-7 所示。

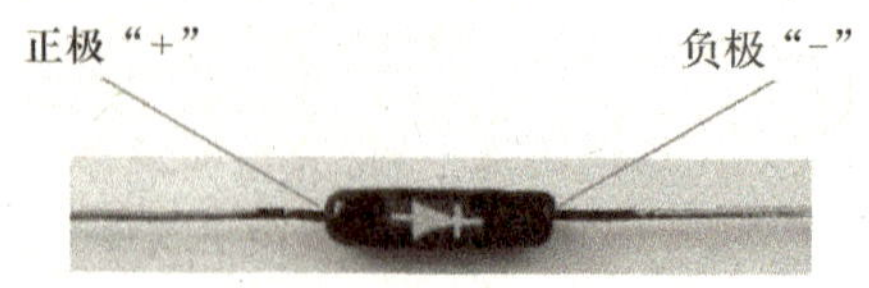

图 1-4-7　用符号直接标出引脚极性

(2)小型塑料封装的二极管 N 极(负极),常在负极端印上一道色环作为负极标记。如图 1-4-8 所示。

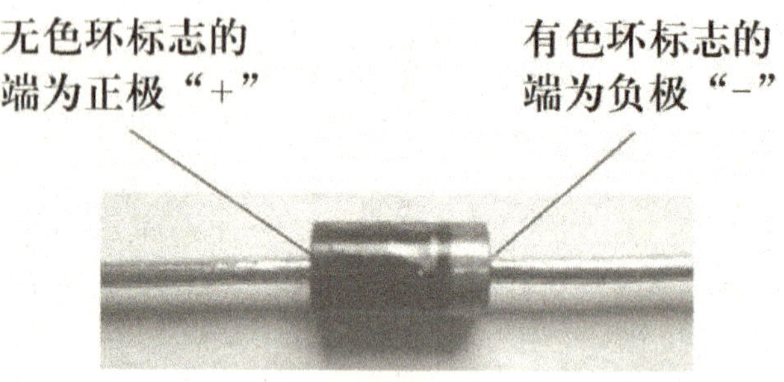

图 1-4-8　用一道色环作为负极标记

(3)有的二极管两端形状不同,平头端引脚为正极,圆头端引脚为负极。如图 1-4-9 所示。

图 1-4-9　根据两端形状不同识别

(4)发光二极管的正负极可从引脚长短来识别,长脚为正,短脚为负。如图 1-4-10 所示。

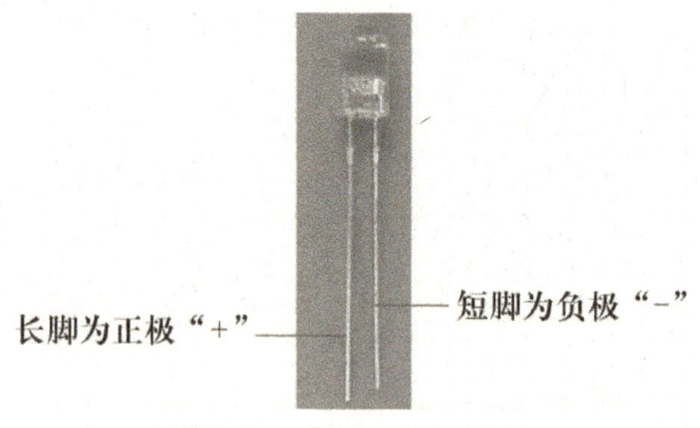

图 1-4-10　根据引脚长短识别

4. 认识常见三极管的图形符号和外形

三极管基本结构是在一块半导体基片上制作 2 个相距很近的 PN 结,2 个 PN 结把整块半导体分成 3 部分,中间部分是基区,两侧部分是发射区和集电区,排列方式有 PNP 和 NPN2 种,从 3 个区引出相应的电极,分别为基极 b、发射极 e 和集电极 c。发射区和基区之间的 PN 结叫发射结,集电区和基区之间的 PN 结叫集电结。硅晶体三极管和锗晶体三极管都有 PNP 型和 NPN 型 2 种类型。如图 1-4-11 所示。

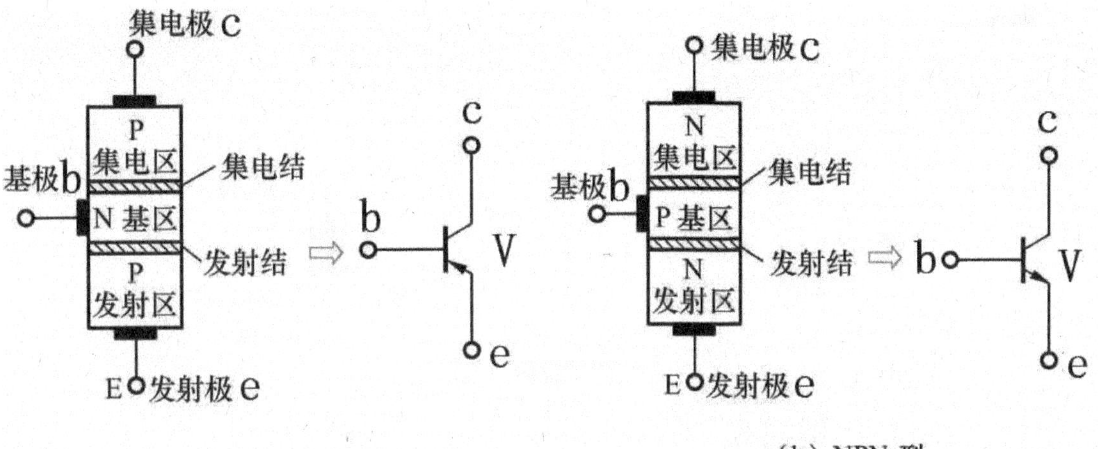

（a）PNP 型　　（b）NPN 型

图 1-4-11　三极管的结构和称号

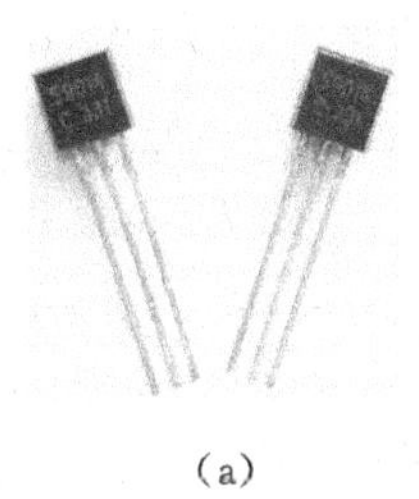

（a）

（b）

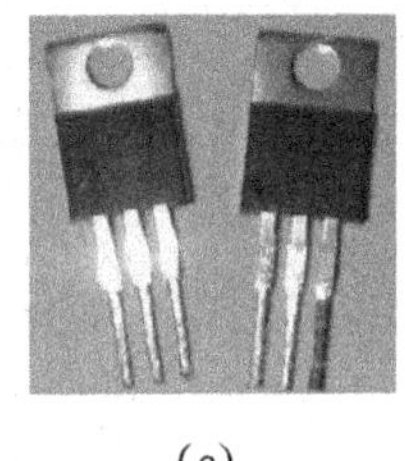

（c）

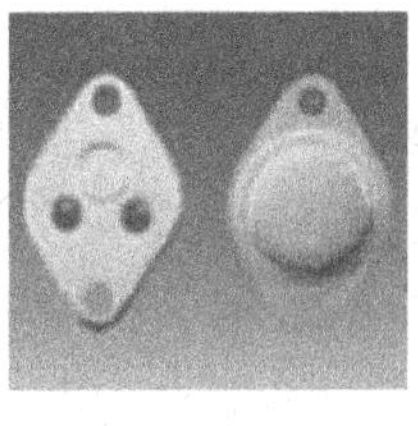

（d）

图 1-4-12　常用三极管外形

图 1-4-12 中(a)、(b)为小功率三极管。低频小功率三极管一般用于小信号放大。高频小功率三极管主要用在高频振荡、放大电路中。

图 1-4-12 中(c)、(d)为大功率三极管。低频大功率三极管主要在电子音响设备的低频功率放大电路和各种大电流输出稳压电源中作为调整管。高频大功率三极管主要在通信设备中作为功率驱动、放大使用。

按封装方式分，图 1-4-12 中(a)、(c)为塑料封装三极管，图 1-4-13 中(b)、(d)为金属封装三极管。

5. 认识特殊三极管的图形符号和外形

表 1-4-2　常见特殊三极管

序号	名称	实物图	符号	用　　途
1	达林顿三极管			常用于功率放大器和稳压电源

续 表

序号	名称	实物图	符号	用　　途
2	带阻三极管			常在电路中做电子开关
3	带阻尼三极管			常用在彩色电视机和计算机显示器的电路中

6.识别三极管的引脚

(1)小功率金属封装三极管。如图 1-4-13 所示。

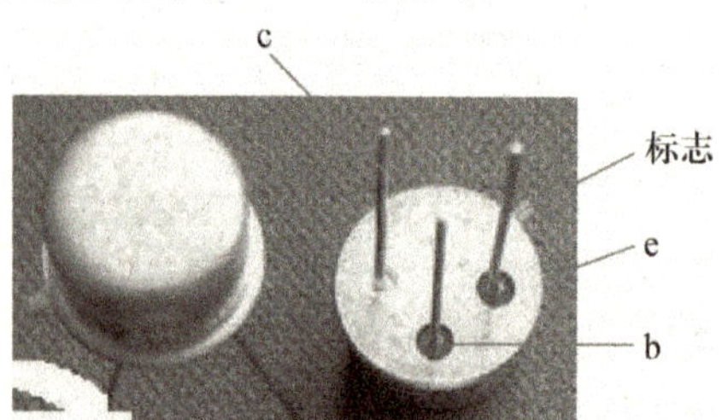

图 1-4-13　小功率金属封装三极引脚识别

(2)小功率塑料封装三极管。如图 1-4-14 所示。

图 1-4-14　小功率塑料封装三极引脚识别

(3)大功率金属封装三极管。如图 1-4-15 所示。

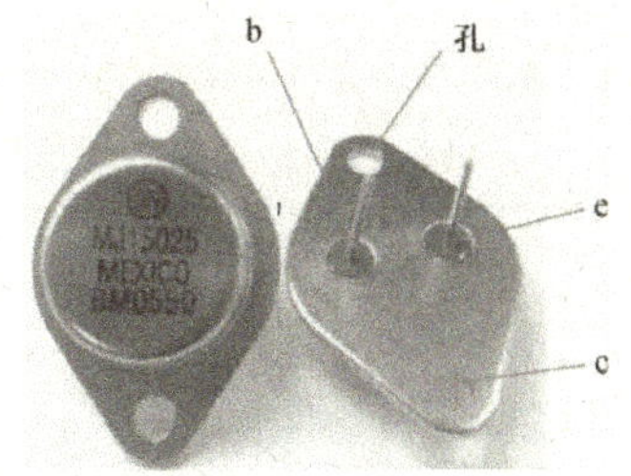

图 1-4-15　大功率金属封装三极引脚识别

(4)大功率塑料封装三极管。如图 1-4-16 所示。

图 1-4-16　大功率塑料封装三极引脚识别

任务三　分立元件的检测

元器件的检测是一项基本功，如何准确有效地检测元器件的相关参数，判断元器件是否正常，不是一件千篇一律的事，必须根据不同的元器件采用不同的方法，从而判断元器件的正常与否。

测一测　各种分立元件的参数

1. 普通二极管的检测

(1)判断二极管极性。

①选择量程。将量程开关拨到 R×100 或 R×1k 挡。

②万用表欧姆调零。

③检测极性。先用表笔分别与二极管的两极相连，测出正、反向 2 个电阻阻值。测得阻值较小的那一次，与黑表笔相接的一端即为二极管的正极。同理，测得阻值较大的那一次，与黑表笔相接的一端即为二极管的负极。如图 1-4-17 所示。

图 1-4-17　用万用表判断二极管极性

（2）判断二极管质量。

表 1-4-3　用万用表判定晶体二极管质量的方法

序　号	1	2
测量方法	测正向电阻。用万用表 R×100 或 R×1k 挡，红表笔接二极管的正极，黑表笔接二极管的负极	反向电阻。用万用表 R×100 或 R×1k 挡，红表笔接二极管的负极，黑表笔接二极管的正极
示意图		
质量判定	硅管几千欧，锗管几百欧，说明二极管正常	几千欧，硅管大于锗管，接近∞处，说明二极管正常
	测量值为∞，说明二极管内部短路	
	测量值为零，说明二极管内部开路	

2. 检测发光二极管

（1）将指针式万用表置于 R×10kΩ 挡，表欧姆调零。

（2）将红、黑表笔分别接至发光二极管两端。若测得阻值为∞，再将红、黑表笔对调后接在发光二极管两端，若测得的电阻阻值为几十至 200kΩ，说明发光二极管质量良好。测得电阻阻值为几十至 200kΩ 的那一次，黑表笔接的是发光二极管正极。如图 1-4-18 所示。

图 1-4-18　万用表检测发光二极管

（3）若 2 次测得的阻值都很大，则发光二极管内部开路；若 2 次测得的阻值都较小，则发光二极管内部击穿。

3. 稳压二极管的检测

稳压二极管的测量方法与普通二极管相同。

4. 用万用表可以区分硅二极管和锗二极管

（1）将万用表的量程选择开关拨到 R×100 或 R×1k 挡。

(2)用黑表笔接二极管的“＋”极，红表笔接二极管的“－”极，测其正向电阻。如果万用表的指针在表盘中间或中间偏右一点，则为硅管；如果万用表的指针在表盘右端靠近满刻度处，则为锗管，如图 1-4-19(a)所示。

(3)也可以用万用表红表笔接二极管的“＋”极，黑表笔接二极管的“－”极，即测其反向电阻。如果指针基本不动，指在“∞”处，则为硅管；如果指针有很小偏转，且一般不超过满刻度的 1/4，则为锗管，如图 1-4-19(b)所示。

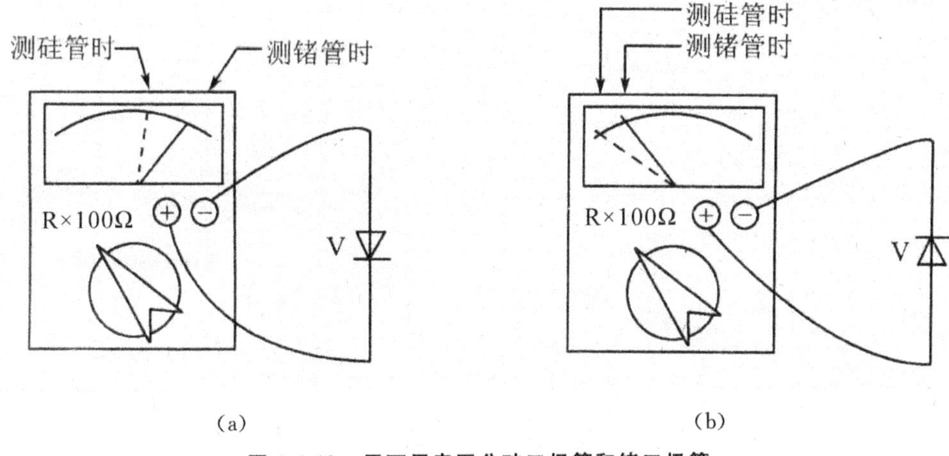

图 1-4-19　用万用表区分硅二极管和锗二极管

5.用万用表区分稳压管和普通二极管

(1)将万用表的量程选择开关拨到 R×10kΩ 电阻挡。

(2)用黑表笔接到区分管的负极，红表笔接其正极，由表内叠层电池向管子提供反向电压。若指针基本不动，指在“∞”处或有极小偏转的，则为二极管；如果指针有一定的偏转，则为稳压管，如图 1-4-20 所示。

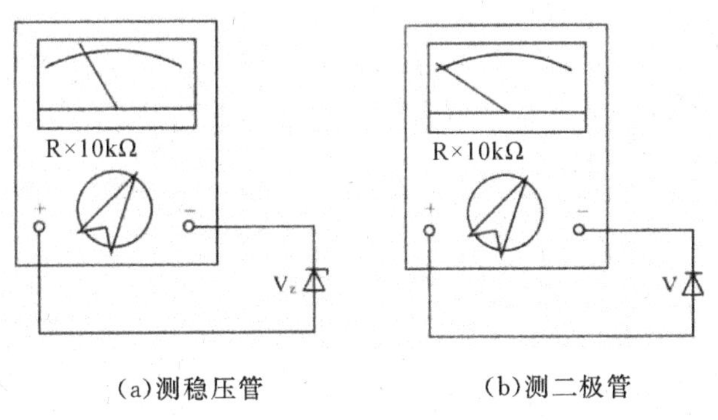

(a)测稳压管　　(b)测二极管

图 1-4-20　用万用表区分稳压管和二极管

6.判别三极管的类型和引脚

(1)选择量程。

(2)万用表欧姆调零。

(3)检测类型和基极。任意假定三极管的一个电极是基极 b，用黑表笔与之相接，用红表笔分别与另外两极相接。当出现 2 次电阻都很小时，则黑表笔所接的就是基极，且管型为

NPN 型。当出现 2 次电阻都很大时，则管型为 PNP 型。如图 1-4-21 所示。

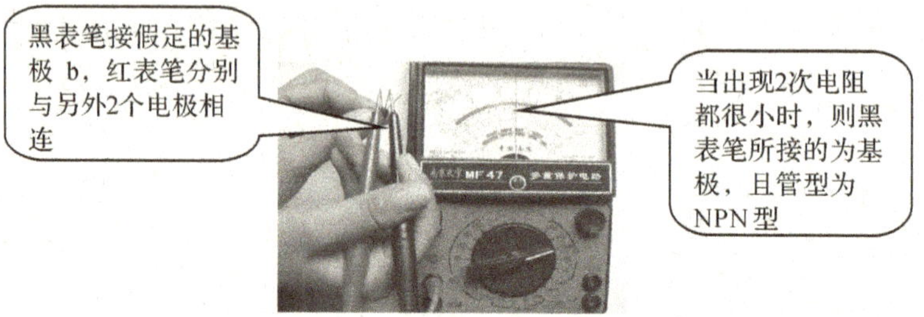

图 1-4-21 三极管的类型和基极检测

(4)检测发射极和集电极。当基极 b 确定后，可接着判断发射极 e 和集电极 c。若是 NPN 型管，将 2 表笔与待测的两极相接，然后用手指捏紧基极和黑表笔，观察指针摆动的幅度，再将黑红表笔对调，重复上述测量过程，比较 2 次指针摆动幅度，幅度摆动大的这次红表笔接的是发射极 e，黑表笔接的是集电极 c。若是 PNP 型管，只要在上述方法中红、黑表笔对调即可。如图 1-4-22 所示。

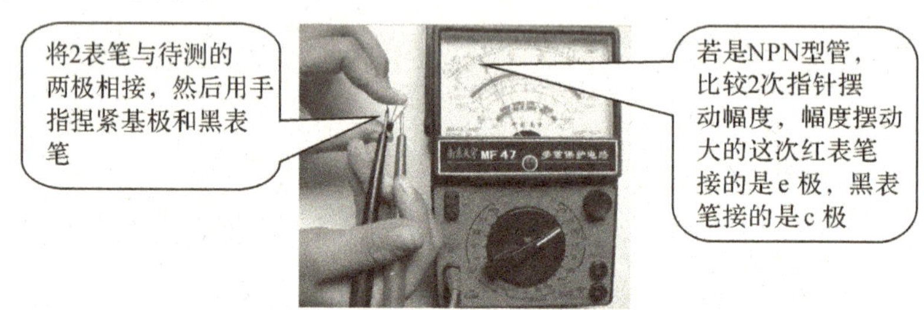

图 1-4-22 三极管发射极和集电极检测

7. 判别三极管质量

(1)检测集电极和发射结的正、反向电阻。

①选择量程。

②万用表欧姆调零。

③检测 NPN 或 PNP 型三极管的集电极和基极之间的正、反向电阻。如图 1-4-23 所示。

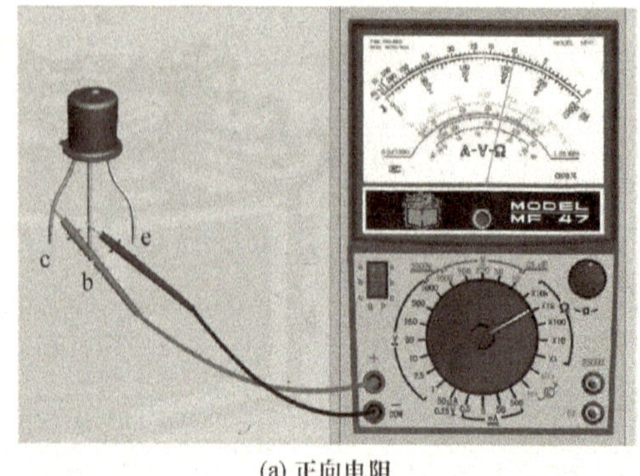

(a) 正向电阻

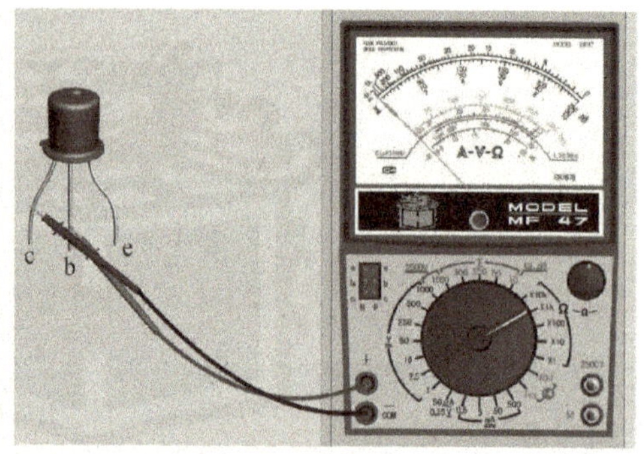

(b) 反向电阻

图 1-4-23 检测 NPN 型三极管的集电结电阻

④检测 PNP 或 NPN 型三极管的发射极和基极之间的正、反向电阻。如图 1-4-24 所示。

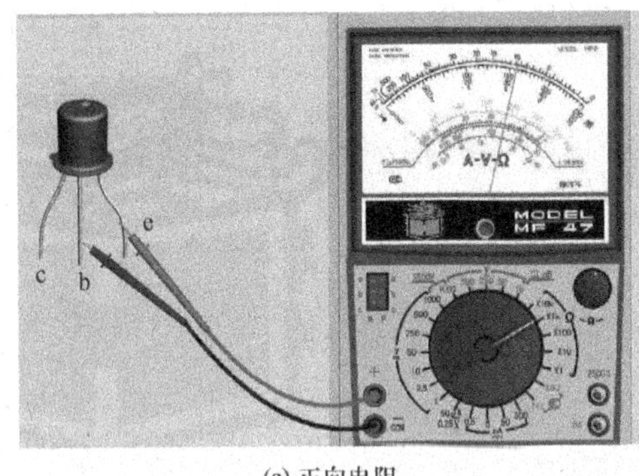

(a) 正向电阻

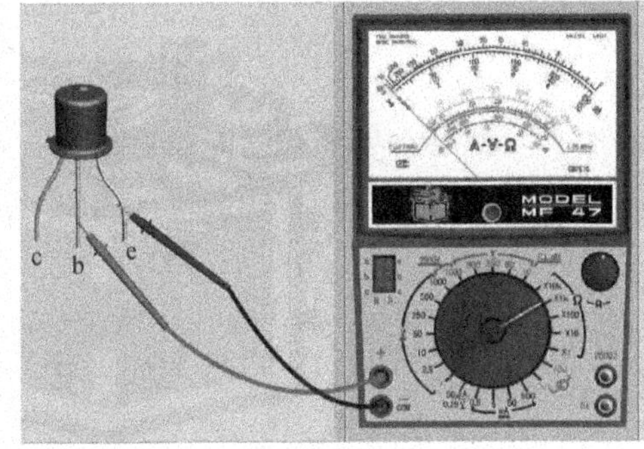

(b) 反向电阻

图 1-4-24　检测 NPN 型三极管的发射极电阻

正常时，集电结和发射结正向电阻都比较小，为几百欧至几千欧；反向电阻都很大，为几百千欧至无穷大。

(2)检测集电极与发射极之间电阻。

①选择量程。

②万用表欧姆调零。

③对于 NPN 型三极管，红表笔接集电极，黑表笔接发射极测一次电阻，如图 1-4-25(a)所示。互换表笔再测一次电阻，如图 1-4-25(b)所示。正常时，两次电阻阻值比较接近，为几百千欧至无穷大。

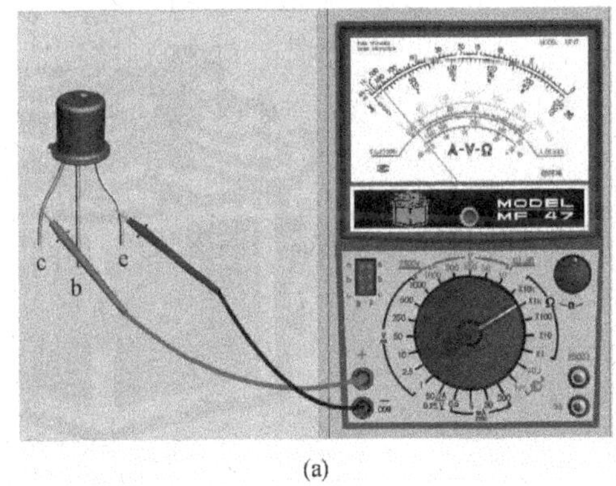

(a)

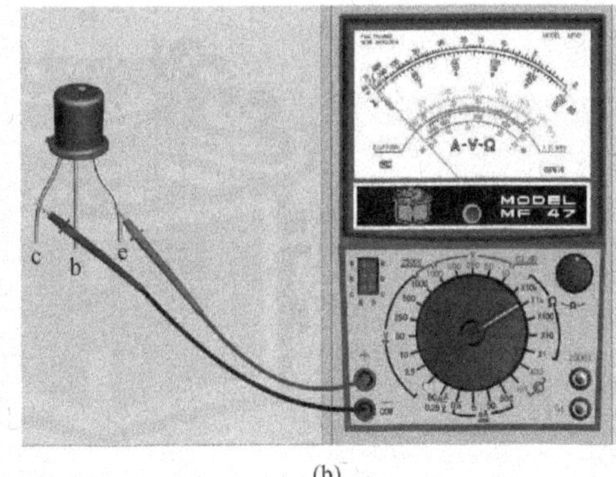

(b)

图 1-4-25　集电极与发射极之间电阻

对于 PNP 型三极管，红表笔接集电极，黑表笔接发射极测一次电阻，正常为十几千欧至几百千欧；互换表笔再测一次电阻，与正向电阻值相近。

(3)判断质量。

如果三极管任意一个 PN 结的正、反向电阻不正常，或集电极和发射极之间的正、反向电阻不正常，说明三极管已损坏。如发射结的正、反向电阻阻值均为无穷大，说明发射结开路；集电极与发射极之间的电阻阻值为零，说明集电极与发射极之间被击穿短路。

8. 检测单向晶闸管

(1)判别单向晶闸管引脚。

①选择量程。

②万用表欧姆调零。

③判别引脚。

用红、黑 2 表笔分别测任意两管脚间的阻值。当测量出现小阻值时，以这次测量为准，黑表笔接的引脚是控制极 G，红表笔接的引脚是阴极 K，剩下的引脚为阳极 A。如图 1-4-26 所示。

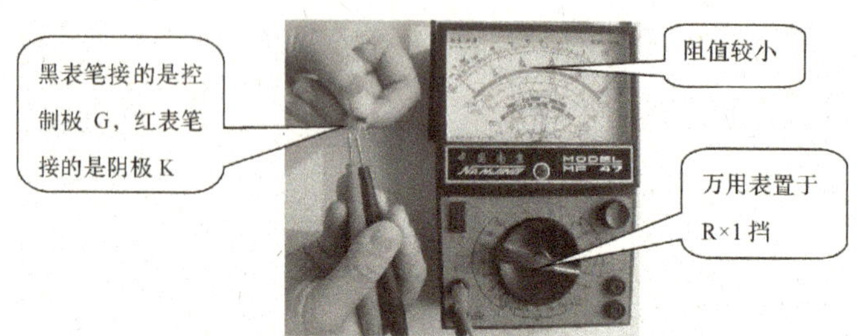

图 1-4-26 用万用表判断单向晶闸管管脚

(2)判断单向晶闸管质量。

①检测控制极 G 与阴极 K 之间的阻值。

②检测控制极 G 与阳极 A 之间的阻值。

③检测可控能力。将万用表量程开关拨到 R×1Ω 挡，将黑表笔接单向晶闸管的阳极 A，红表笔接阴极 K，此时万用表指针应不动，如图 1-4-27(a)所示，如万用表指针偏转，说明该单向晶闸管已击穿损坏。用黑表笔同时短接阳极 A 和控制极 G，此时万用表电阻挡指针应向右偏转，阻值读数为 10Ω 左右，如图 1-4-27(b)所示。再放开黑表笔短接的控制极 G，但黑表笔仍与阳极 A 相连不断开，阻值读数为 10Ω 左右，如图 1-4-27(c)所示，说明单向晶闸管质量是好的。

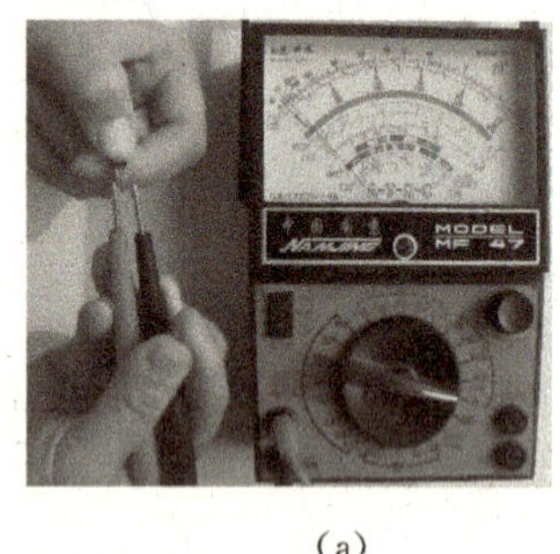

(a)

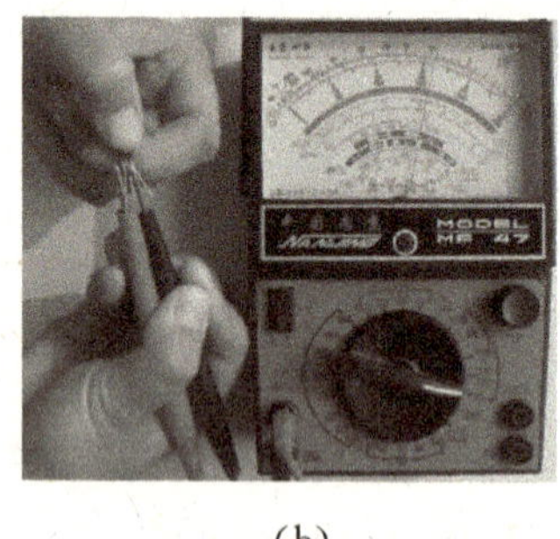

(b)

(c)

图 1-4-27 检测单向晶闸管可控能力

9. 检测双向晶闸管

(1)判别双向晶闸管引脚。

①选择量程。将量程开关拨到 R×1Ω 挡。

②欧姆调零。

③确定 T2 极。

用红、黑 2 表笔分别测任意 2 引脚间正、反向电阻，结果其中 2 组读数为无穷大。当有一组为几十欧姆时，该组红、黑表所接的 2 引脚为第一阳极 T1 和控制极 G，另一空脚即为第二阳极 T2,如图 1-4-28(a)、(b)所示,即判断出中间引脚为第二阳极 T2。

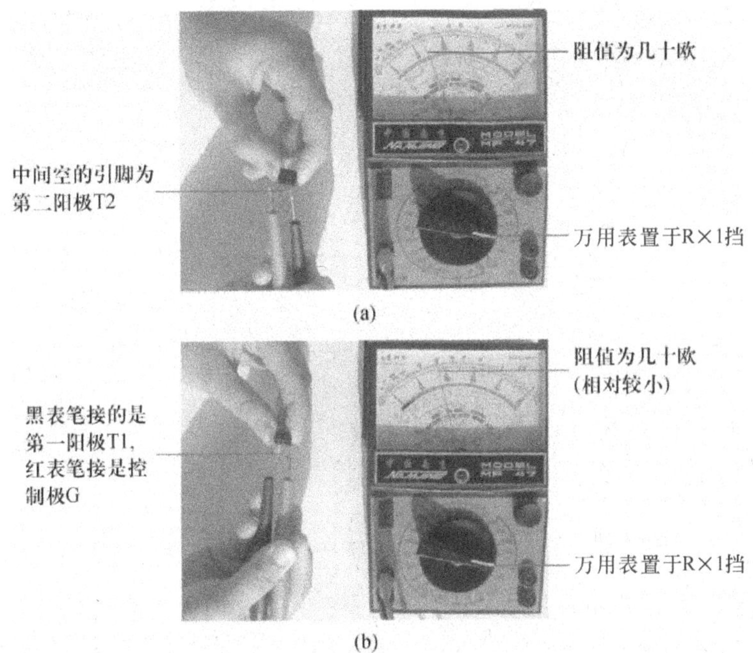

(a)

(b)

图 1-4-28　判别双向晶闸管引脚

④确定 T1 和 G 极。确定 T2 极后,测量 A1、G 极间正、反向电阻。读数相对较小的那次测量中,黑表笔所接的引脚为第一阳极 T1,红表笔所接引脚为控制极 G。

(2)判断双向晶闸管质量。

①检测第一阳极 T1 与控制极 G 之间的正、反向电阻值。

②检测第一阳极 T1 与第二阳极 T2 之间,第二阳极 T2 与控制极 G 之间的正、反向电阻值。

③检测可控能力。

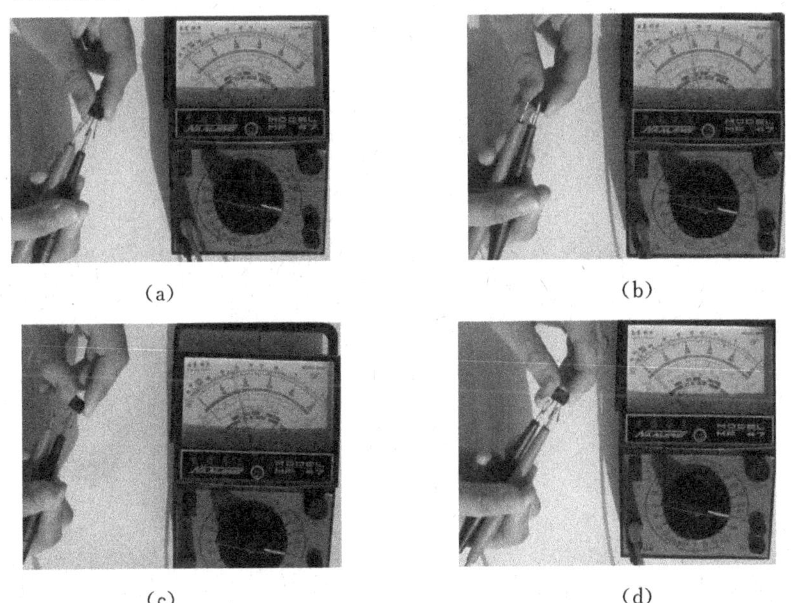

(a)　　(b)

(c)　　(d)

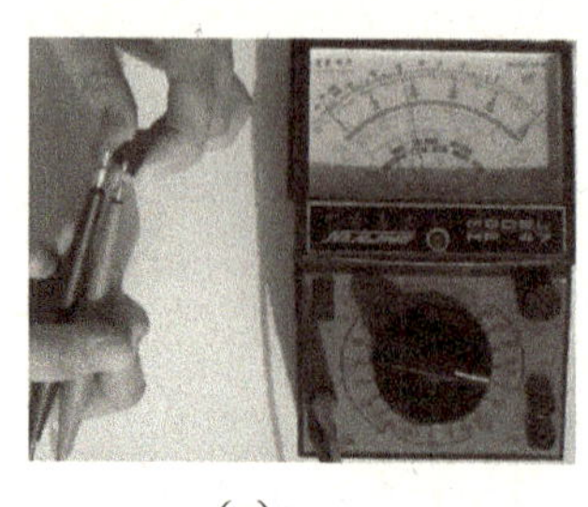

(e)

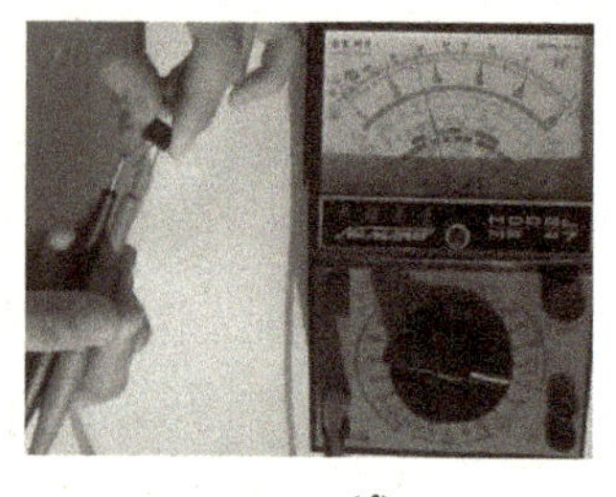

(f)

图 1-4-29 检测双向晶闸管可控能力

任务四 分立元件延伸知识的了解

学一学 分立元件延伸知识的了解

1. 二极管的单向导电性

如图 1-4-30(a)所示，直流电源正极接二极管正极，直流电源负极接二极管负极，这种接法称为正向偏置。此时，二极管导通，指示灯亮。

如图 1-4-30(b)所示，直流电源正极接二极管负极，直流电源负极接二极管正极，这种接法称为反向偏置。此时，二极管不导通，即截止，指示灯不亮。

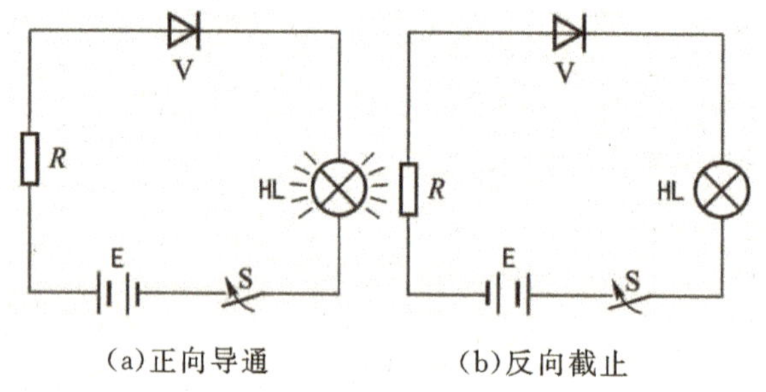

(a)正向导通　　(b)反向截止

图 1-4-30 二极管的单向导电性

结论：当二极管正向偏置时，二极管导通；当二极管反向偏置时，二极管截止。二极管的这种特性称为单向导电性。

2. 二极管的伏安特性曲线

二极管的导电性能由加在二极管两端的电压和流过二极管的电流来决定，这两者之间的关系称为二极管的伏安特性。硅、锗二极管的伏安特性曲线如图 1-4-31 所示。

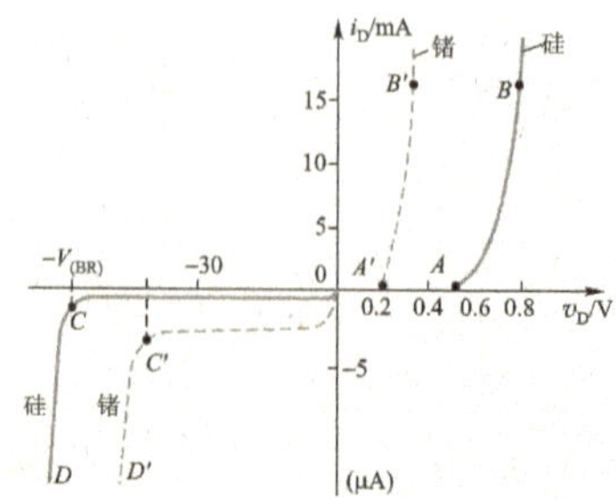

图 1-4-31 二极管的伏安特性曲线

(1)正向特性。

①死区。如图1-4-31中OA段,称为死区。硅二极管的死区电压约为0.5V,锗二极管的死区电压约为0.2V。

②正向导通。如图1-4-31中AB段。二极管导通后两端电压基本不变,硅二极管约为0.7V,锗二极管约为0.3V。

(2)反向特性。

①反向截止区。当加反向电压时,二极管反向电流很小,而且在很大范围内不随反向电压的变化而变化,故称为反向饱和电流。

②反向击穿区。若反向电压不断增大到一定数值时,反向电流就会突然增大,这种现象称为反向击穿。

稳压二极管就是利用反向击穿特性在电路中起稳定电压作用的。

由二极管的伏安特性可知,二极管属于非线性器件。

3.估测三极管穿透电流 I_{CEO}

(1)选择万用表R×1k挡,欧姆调零。

(2)对于NPN型三极管,黑表笔接集电极,红表笔接发射极,基极悬空,如图1-4-32所示。若测得的电阻在几十千欧以上,表明管子的 I_{CEO} 较小,性能较好。如果测得的电阻值较小或表针来回摆动,则说明管子的 I_{CEO} 大且管子性能不稳定。如果在测量时用手捏住管壳后,表针缓慢向低阻值方向移动,说明管子的热稳定性差,不宜使用。

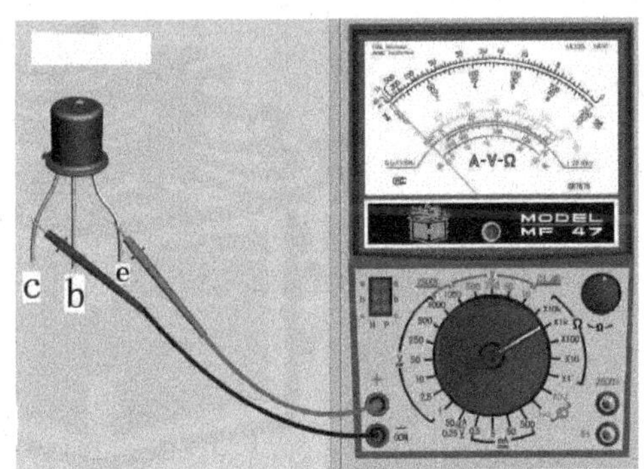

图1-4-32 估测三极管穿透电流 I_{CEO}

(3)对PNP型三极管进行测量时,应将表笔对换,而且测得的电阻值应在几百千欧以上。如果测得的阻值接近于零,表明三极管已击穿;如果阻值为无穷大,表明三极管内部已开路。

4.判别硅三极管和锗三极管

可以通过查看三极管管帽上的标志,根据三极管的命名方法即可判别硅、锗管。当遇到标记不清时,可用万用表粗略地区分硅、锗管。

判断三极管是硅管还是锗管,仍可利用硅管的PN结与锗管的PN结的正、反向电阻的差异来判断。

5.判别高频管与低频管

可以通过查看三极管管帽上标志，根据三极管的命名方法即可判别高、低频管。

将万用表拨到 R×1k 挡，测量基极与发射极之间的反向电阻，然后再切换到 R×10k 挡。若表针偏转明显，甚至达到满刻度的一半，则表明该管为高频管；若电阻值变化很小，则为低频管。

6. 用万用表检测双向晶闸管触发能力

测量时先将黑表笔接第二阳极 T2，红表笔接第一阳极 T1，然后用镊子将 T2 极与控制极 G 短路，给 G 极加上正极性触发信号，若此时测得的电阻值由无穷大变为十几欧，则说明该晶闸管已被触发导通，导通方向为 T2 到 T1。

再将黑表笔接第一阳极 T1，红表笔接第二阳极 T2，用镊子将 T2 极与控制极 G 之间短路，给 G 极加上负极性触发信号时，测得的电阻值应由无穷大变为十几欧，则说明该晶闸管已被触发导通，导通方向为 T1 到 T2。

7. 特殊晶闸管的检测

(1)可关断晶闸管引脚判断。将万用表置于 R×100 挡，依次测量 3 个引脚之间的电阻，电阻值比较小的一对管脚，红表笔所接的管脚为阴极 K，黑表笔所接的管脚为控制极 G，而剩下的引脚是阳极 A，如图 1-4-33 所示。

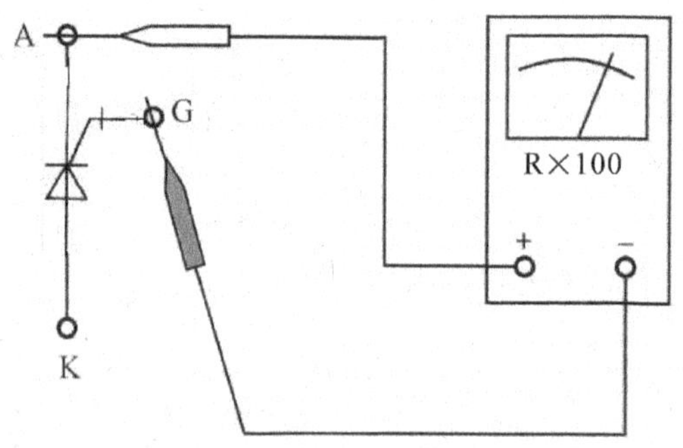

1-4-33 可关断晶闸管引脚判断

(2)光控晶闸管电极判断。将万用表置于 R×1 挡，在黑表笔上串联 3V 干电池，检测光控晶闸管两管脚之间的正、反向电阻。光照时，测量电阻值较小的为正向电阻，黑表笔所接的管脚为阴极 K，红表笔所接的为阳极 A，如图 1-4-34 所示。

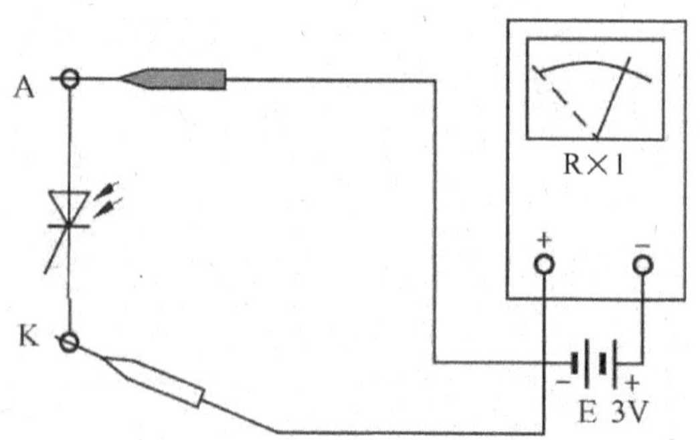

图 1-4-34 光控晶闸管管脚判断

任务五　任务的拓展训练

拓展训练

1. 普通二极管应用电路连接和分析

(1)电路连接。

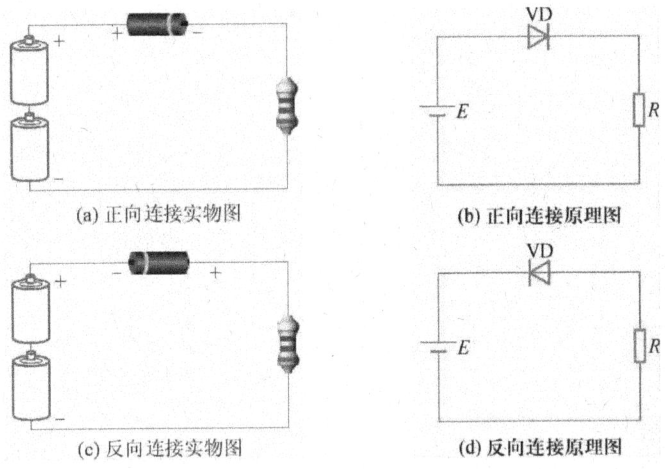

图 1-4-35　普通二极管应用电路

用直流电压和直流电流表(或万用表)分别测量二极管 V、电阻 R 两端电压,以及电路电流,将测量结果填入表 1-4-4 中。

表 1-4-4　普通二极管应用电路测量结果表

测量电压	电源电压 E/V	二极管 V 两端电压 U_V/V	电阻 R 两端电压 U_R/V	电路电流/A
正向连接				
反向连接				

(2)电路分析

当二极管正向连接时,二极管导通,电路有电流流过,

$$E = U_V + U_R$$

电阻 R 在电路中起降压限流作用,常称为限流电阻。

当二极管反向连接时,二极管截止,电路无电流流过,电路处于开路状态。

2. 发光二极管应用电路连接和分析

(1)电路连接,如图 1-4-36 所示。

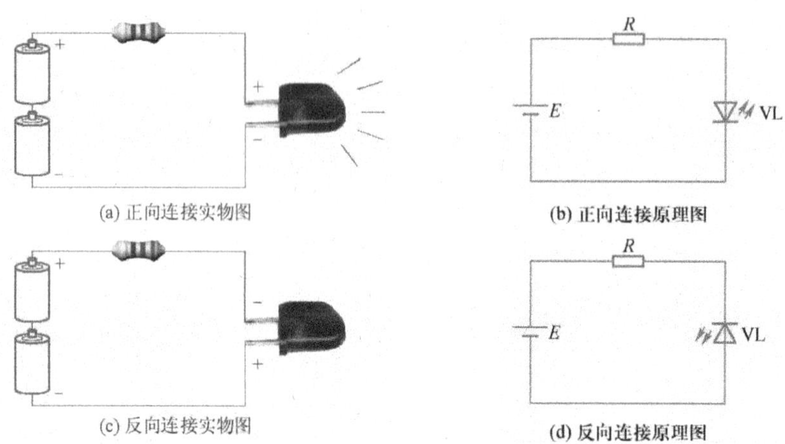

(a) 正向连接实物图
(b) 正向连接原理图
(c) 反向连接实物图
(d) 反向连接原理图

图 1-4-36 发光二极管应用电路

用直流电压和直流电流表(或万用表)分别测量发光二极管 VL、电阻 R 两端电压,以及电路电流,将测量结果填入表 1-4-5 中。

表 1-4-5 发光二极管应用电路测量结果表

测量电压	电源电压 E/V	发光二极管 VL 两端电压 U_V/V	电阻 R 两端电压 U_R/V	电路电流/A
正向连接				
反向连接				

(2)电路分析。

当发光二极管正向连接时,发光二极管导通,发出亮光,电路有电流流过:

$$E=U_{VL}+U_R$$

电阻 R 在电路中仍起降压限流作用。

当二极管反向连接时,二极管截止,不亮,电路无电流流过,电路处于开路状态。

3. 稳压二极管应用电路连接和分析

(1)电路连接,如图 1-4-37 所示。

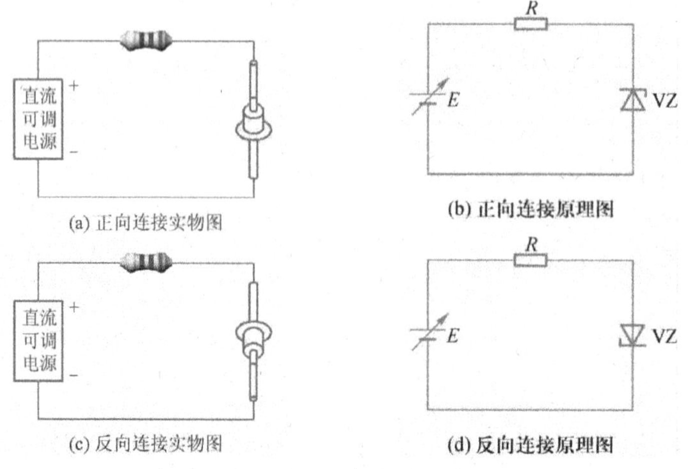

(a) 正向连接实物图
(b) 正向连接原理图
(c) 反向连接实物图
(d) 反向连接原理图

图 1-4-37 稳压二极管应用电路

用直流电压和直流电流表(或万用表)分别测量稳压二极管 *VZ*、电阻 *R* 两端电压,以及电路电流,将测量结果填入表 1-4-6 中。

表 1-4-6　稳压二极管应用电路测量结果表

测量电压	稳压二极管 VZ 两端电压 U_{VZ}/V	电阻 R 两端电压 U_R/V	电路电流/A
正向连接	E=___V		
	E=___V		
反向连接	E=___V		
	E=___V		

(2)电路分析

当稳压二极管正向连接,电源电压 E 大于稳压二极管 VZ 稳压值时,稳压二极管 VZ 反向击穿导通,电路有电流流过。当电源电压变化(上升或下降)时,稳压二极管 VZ 两端电压稳定不变。

当稳压二极管反向连接时,稳压二极管 VZ 导通,电路有电流流过。此时性质与普通二极管相同。

限流电阻 R 在电路中仍起降压限流作用。

第二篇

应用模块

项目一　指示灯电路的安装与调试

项目描述

发光二极管主要用于显示领域，其应用形式灵活多变。单个 LED 可用作各种电平指示灯，在各种检测电路中作为电平状态显示；将 LED 封装为条状发光器件，可组成数码管，用以显示各种字符；还可以以 LED 为像素，构成点阵 LED 显示器，用于显示图像和文字。

项目目标

1. 熟悉二极管的钳位作用
2. 熟悉发光二极管的性能和用发光二极管组成电平指示电路的方法
3. 了解各种常见电子器件的特性
4. 提高学生独立分析问题、解决问题的能力

项目实施

任务一　了解产品的功能

现代电子电器中大量采用发光二极管作为电源指示灯。采用发光二极管作为指示器件具有许多优点，如发光醒目、耗电小、指示颜色可变等。

本电路中的 VD1 是发光二极管，当它发光时表示电路中已有了直流电压＋V，当 VD1 不发光时，表示电路中没有直流电压＋V（除非 VD1 本身损坏或电路存在故障）。Sl 是电源开关，Rl 是 VD1 的限流保护电阻。整流、滤波电路输出的都是直流电压＋V。

任务二　简单原理分析

学一学　指示灯电路的基本原理

开关 S1 接通后，直流电压＋V 经 Sl 和 Rl 加到 VD1 的正极上，VD1 的负极直接接地，这样给 VD1 加正向偏置电压，有电流流过 VD1，所以 VD1 发光指示，表明电路中有正常的

直流电压＋V。

Sl 断开时，由于＋V 不能加到 VD1 上，所以没有电流流过 VD1，VD1 不能发光，这表明电路中没有直流电压＋V。

＋V 变大或变小时，流过 VD1 的电流大小也作相应的变化。

当＋V 变大时，流过 VD1 的电流在增大，所以 VD1 发出的光变强；当＋V 变小时，流过 VD1 的电流变小，所以 VD1 发出的光变弱。

这一电源指示灯电路不仅能够指示是否有电源电压，还能指示电源电压的大小情况。对于采用电池供电的机器这一指示功能更实用，当 VD1 发光强度不足时说明电池的电压已经不足。

电路中的 Rl 是 VD1 的限流保护电阻，以防止由于＋V 太大而损坏 VD1。它的保护原理：当＋V 增大时，流过 VD1 的电流在增大。由于 VD1 和 Rl 串联，这样流过 Rl 的电流也在增大，在 Rl 上的电压增大，加到 VD1 上的电压增大量有所减小，不会使 VD1 的工作电流太大，达到保护保护 VD1 的目的。

看一看　发光二极管的符号与实物

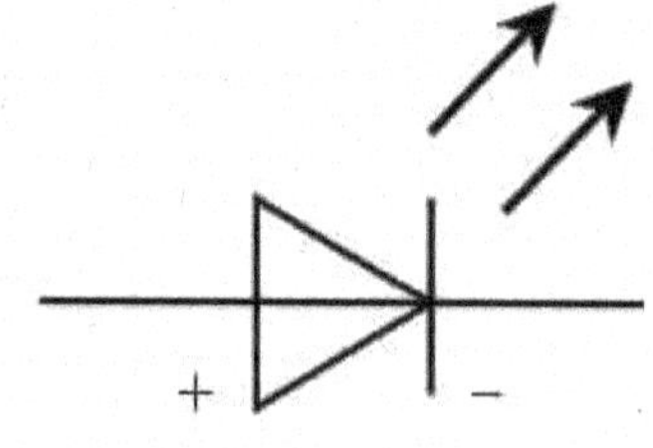

(a)发光二极管符号

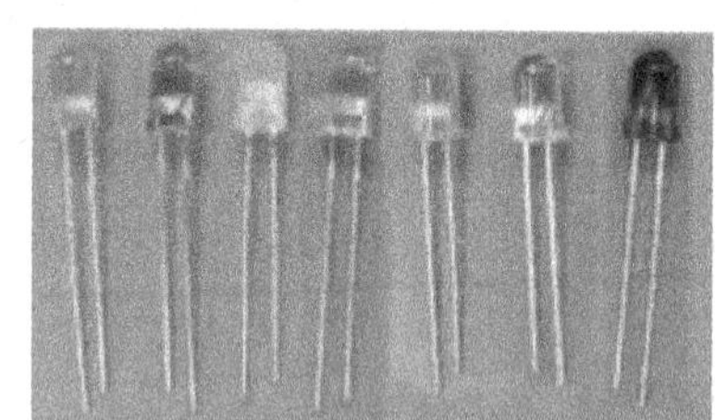

(b)发光二极管实物

图 2-1-1　发光二极管符号与实物图

读一读　发光二极管电路指示灯电路原理图

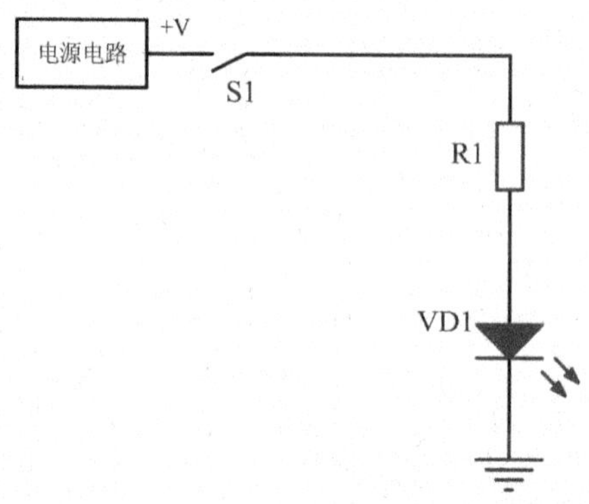

图 2-1-2　发光二极管电源指示灯电路

任务三　准确检测元器件

元器件的检测是一项基本功，如何准确有效地检测元器件的相关参数，判断元器件是否正常，不是一件千篇一律的事，必须根据不同的元器件采用不同的方法，从而判断元器件正常与否。根据元器件清单进行检测，必须做到无遗漏，把不符合要求的元器件检测出来。

识一识　发光二极管的好坏

发光二极管用万用表检测。利用具有 R×10kΩ 挡的指针式万用表可以大致判断发光二极管的好坏。正常时，二极管正向电阻阻值为几十欧至 200kΩ，反向电阻的值为∞。如果正向电阻值为 0 或为∞，反向电阻值很小或为 0，则已损坏。

任务四　读懂工艺要求

学一学　电路板的工艺要求

1. 使用万能电路板，自行设计布局

2. 电装工艺要求

1)电阻采用水平安装，并贴紧印制板。电阻的色环方向应该一致。

2)发光二极管立式安装，底面与印制板距离为 6±2mm。

3)所有插入焊盘孔的元器件脚及导线均采用直脚焊，剪脚留头在焊面以上 0.5～1mm。

任务五　整机装配与调试检测

试一试　整机装配与调试

1. 按原理图在电路板上布局并正确安装元器件

2. 通电前特别注意电源部分是否正确，接线是否安全

3. 检查无误后，接通电源，并闭合开关 S1，看 LED 灯是否亮；断开 S1，看 LED 灯是否灭

任务六　掌握故障排除方法

修一修　电路板的故障

故障实例：合上开关 S1，LED 灭。

故障分析：电源正常，LED 灯不亮，故障可能是线路断开。

排除故障思路：

首先检查电源是否通电，其次检查 LED 灯是否装反，如果还是有问题，检查线路是否连接成功。

拓展训练

将做好的板子电源改为直流可调电源(0～3V),将电阻 R1 改为可变电阻。

(1)电阻阻值不变,改变电源大小,查看发光二极管的亮灭情况,并填写表 2-1-1。

表 2-1-1

电源大小(0～3V)	阻值	发光二极管的亮灭

(2)电源大小不变,阻值改变,查看发光二极管的亮灭情况,并填写下表 2-1-2。

表 2-1-2

电源大小(0～3V)	阻值	发光二极管的亮灭

(3)通过上面的对比,请计算出发光二极管在临界导通时的电流。

项目二　调光电路的安装与调试

项目描述

可控硅调光电路是目前舞台照明、环境照明领域的主流设备。与变压器、电阻器相比，可控硅调光器有着完全不同的调光机理，它是采用相位控制方法来实现调压或调光的。

项目目标

1. 掌握单结晶体管触发电路的工作原理及电路焊接、调试
2. 掌握可控硅调光电路的工作原理及电路焊接、调试
3. 了解各种常见电子器件的特性
4. 提高学生独立分析问题、解决问题的能力

项目实施

任务一　了解产品的功能

在照明系统中使用的各种调光器实质上就是一个交流调压器。老式的变压器和变阻器调光是采用调节电压或电流的幅度来实现的，与变压器、电阻器相比，可控硅调光器有着完全不同的调光机理，它是采用相位控制方法来实现调压或调光的。

任务二　简单原理分析

学一学　调光电路的基本原理

电路由 V7、R2、R3、R4、RP、C 组成单结晶体管的张弛振荡器。在接通电路前，电容 C 上电压为零，接通电源后，电容经由 R4、RP 充电而电压 V_e 逐渐升高，当 V_e 达到峰点电压时，e—b1 间变成导通，电容上电压经 e—b1 而向电阻 R3 放电，在 R3 上输出一个脉冲电压。由于 R4、RP 的阻值较大，当电容上的电压降到谷点电压时，经由 R4、RP 供给的电流小于谷点电流，不能满足导通要求，于是单结晶体管恢复阻断状态。此后，电容又重新充电，重复上述过程，结果在电容上形成锯齿状电压，在 R3 上则形成脉冲电压。在交流电压的每半个周

期内，单结晶体管都将输出一组脉冲，起作用的第一个脉冲去触发 V5 的控制极，使可控硅导通，灯泡发光。改变 RP 的电阻值，可以改变电容充电的速度，即改变锯齿波的振荡频率，从而改变可控硅 V5 导通的大小，即改变可控整流电路的直流平均输出电压，达到调节灯泡亮度的目的。

看一看　调光电路主要元器件的符号、工作原理

1. 晶闸管的结构、符号、工作原理及检测方法

晶闸管有 3 个电极：阴极 K、阳极 A、控制极 G，普通晶闸管的内部有一个硅半导体材料做成的管芯，管芯由 4 层(PNPN)3 极(A、K、G)半导体构成，它具有 3 个 PN 结，由最外层的 P 层和 N 层分别引出阴极 K、阳极 A，由中间的 P 层引出控制极 G，如图 2-2-1 所示，图 2-1-1(b)是图形符号，其文字符号为 V。

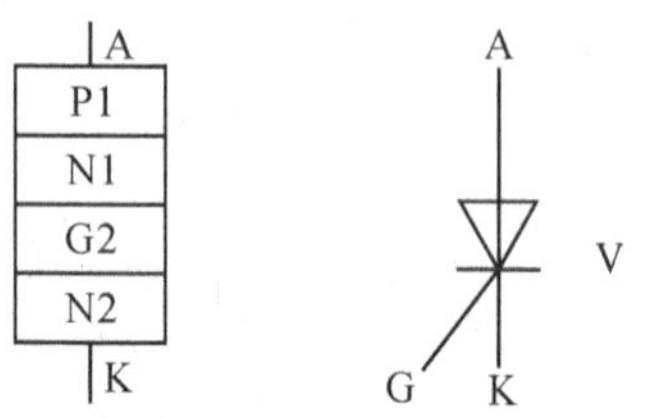

图 2-2-1　晶闸管结构示意图及符号

如果要使晶闸管导通，必须具备 2 个条件：一是晶闸管阳极与阴极间加正向电压，即阳极接电源正极，阴极接电源负极，形成主电路；二是控制极加适当的正向电压，即控制极接电源正极，阴极接电源负极，形成控制回路。在实际工作中，控制极加正触发脉冲信号。

检测方法：可控硅使用前需要进行检测，以确定其好坏，简易检测方法如下：

(1)用万用表 R×10Ω 挡，黑笔接阳极，红笔接阴极，一指针应接近∞。

(2)当合上 S 时，表针应指很小阻值，为 60～200Ω，表明可控硅能触发导通。

(3)断开 S，表针不回到零，说明可控硅是正常的(有些可控硅因维持电流较大，万用表的电流不足以维持它导通，当 S 断开后，表针会回到零，也是正常的)。如果在 S 未合上时，阻值很小，或者在 S 合上时，表针也不动，说明可控硅质量太差，或已击穿、断极。

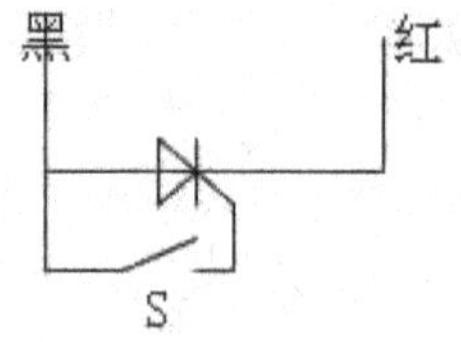

图 2-2-2　晶闸管检测图

2. 单结晶体管

(1)单结晶体管的结构和符号。

它有 3 个电极：发射极 e、第一基极 b1、第二基极 b2，只有一个 PN 结，所以称单结晶体管，或称双基极二极管。单结晶体管的图形符号和外形如图 2-2-3。图 2-2-3 中发射极箭头指向 b1 极，表示经 PN 结的电流只流向 b1 极。

图 2-2-3 单结晶体管图形符号及外形

(2)单结晶体管的基本特性。

单结晶体管的等效电路如图 2-2-4 所示。图中，R_{b1}表示 e 与 b1 间的电阻，它随发射极电流而变，即 I_e 上升，R_{b1}下降。R_{b2}表示 e 与 b_2 间的电阻，数值与 I_e 无关。两基极间的电阻为 R_{bb}，即 $R_{bb}=R_{b1}+R_{b2}$。R_{b1}与 R_{bb}的比值称分压比∩，即∩$=R_{b1}/R_{bb}$，(一般∩在 03～0.8 之间)。G1 是加在 B_2 上的正向电压，G2 是加在 e 上的正向电压。V 表示 e 与 b_1 之间的 PN 结。如果 G2 很低，V 反偏而截止；当 G2 上升至某数值时，VD 导通，R_{b1}突然下降，e 与 b_1 之间趋于导通(亦即单结晶体管导通)。单结晶体管导通的条件：

G2>∩G1+VD(VD 为 PN 结的正向压降)

因此，只要改变 G2 的大小，就可控制单结晶体管的导通与截止。从而获得从 b_1 输出的脉冲电压。

读一读 调光电路原理图

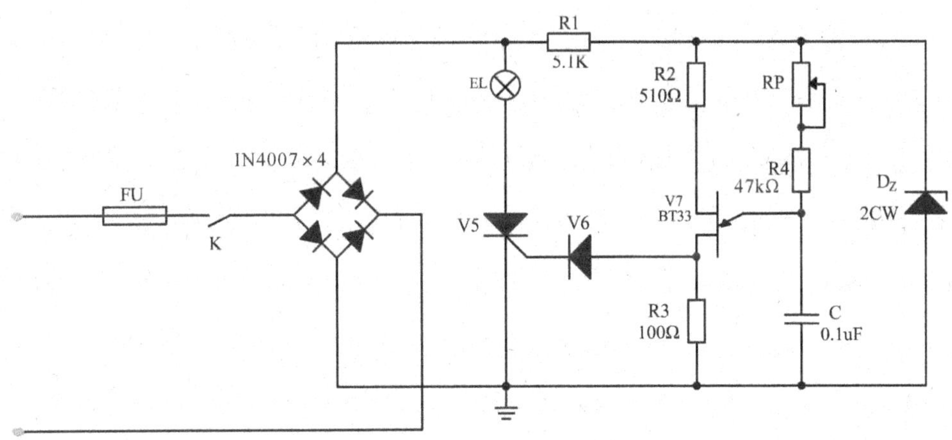

图 2-2-4 单结晶体管的调光电路原理图

任务三 准确检测元器件

识一识 基本元器件的检测

1. 测量电位器

用万用表“Ω”挡测量电位器的 2 个固定端的电阻，阻值应为其标称值，然后，再测量电位器中心接线端与电阻器的接触情况，将一根表笔接中心接线端，另一根表笔接其余两端的任意一个。慢慢将转轴从一个极端位置旋转至另一极端位置，其阻值则从零（或标称值）连续变化到标称值（或零）。在旋转过程中，表针指示应平稳移动，不应有跳动现象。在移动电位器转轴的过程中，应该旋转灵活，松紧适当，手感良好。

2. 测量电容器

电容器的隔直流作用和充放电特性，可用万用表电阻挡进行简单的测试。对于容量为几万皮法的电容，应当用万用表电阻挡 R×10kΩ 挡测试。当表笔接触电容时，可见指针偏转一定角度后立即返回原处，指针偏转越大，表明容量越大；指针偏转后不返回原处，表明漏电大；指针根本不动，不是说明容量小看不出指针偏转，就是说明电容器开路；指针偏转到满刻度（电阻为零），并且不返回，说明电容器短路（或被击穿）。电容器开路和短路均不能使用。

3. 测量电感器

用万用表欧姆挡测量其直流电阻，如果阻值较小说明正常，如果阻值很大甚至指针不摆动，说明线圈断线。

4. 测量三极管

（1）三极管的管脚判别。

首先找出 b（基极）：以 NPN 型为例。用万用表 R×1K 挡，黑表笔接三极管的某一个脚，红表笔分别接另外两脚，测得 2 次阻值均小的，黑表笔接的是 b 极。如果红表笔接三极管的某一个脚，黑表笔分别接另外两脚，测得两次阻值均小的，红表笔接的是 b 极，且是 PNP 型。如图 2-2-5 所示。

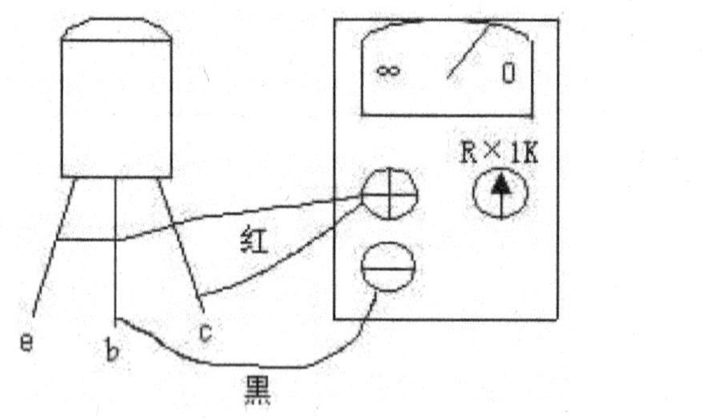

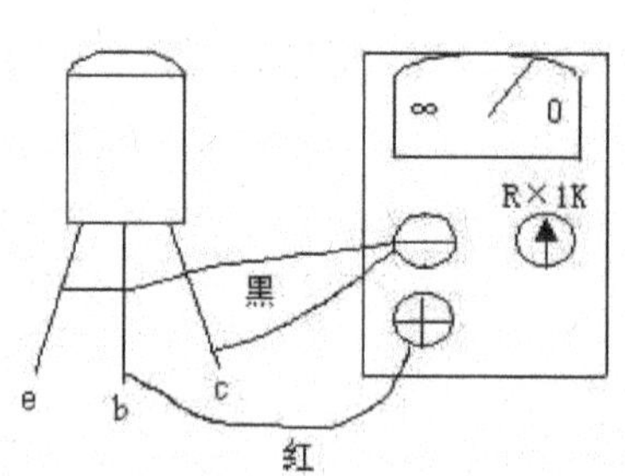

图 2-2-5 万用表测三极管

任务四 读懂工艺要求

学一学 元器件放置及焊接的基本工艺要求

1. 电阻：色环朝向一致，起始色环向左或向上，卧式安装
2. 电容：字体向下或者向右
3. 电位器及其他：轴向垂直或者平行于单孔板
4. 焊接：按要求焊接，焊盘要焊满，不能露有铜铂

任务五　整机装配与调试检测

试一试　整机装配与调试

1. 加电，打开开关，灯亮
2. 灯由最亮到最暗
3. 灯由最暗到最亮
4. 调试及检修

任务六　掌握故障排除方法

修一修　电路板的故障

通电时，电路无异常反应，旋转电位器 RP，灯泡 HL 的亮度随之均匀改变。

(1)由 BT33 组成的单结晶体管张弛振动器停振，可能造成发光二极管不亮，发光二极管不可调光、造成停振的原因可能是 BT33 损坏、C 损坏等。

(2)当调节电位器 RP 至最小位置时，突然发现发光二极管熄灭，则应适当增大电阻 R4 的阻值。

拓展训练

可控硅的其他用途——单向可控硅调压电路

可控硅交流调压器由可控整流电路和触发电路 2 部分组成，其电路原理图如图 2-2-6 所示。从图 2-2-6 中可知，二极管 D1～D4 组成桥式整流电路，双基极二极管 T1 构成张弛振荡器作为可控硅的同步触发电路。当调压器接上电后，220V 交流电通过负载电阻 RL 经二极管 D1～D4 整流，在可控硅 SCR 的 A、K 两端形成一个脉动直流电压，该电压由电阻 R1 降压后作为触发电路的直流电源。在交流电的正半周时，整流电压通过 R4、W1 对电容 C 充电。当充电电压 Uc 达到 T1 管的峰值电压 Up 时，T1 管由截止变为导通，于是电容 C 通过 T1 管的 e、b1 结和 R2 迅速放电，结果在 R2 上获得一个尖脉冲。这个脉冲作为控制信号送到可控硅 SCR 的控制极，使可控硅导通。可控硅导通后的管压降很低，一般小于 1V，所以张弛振荡器停止工作。当交流电通过零点时，可控硅自关断。当交流电在负半周时，电容 C 又重新充电……如此周而复始，便可调整负载 RL 上的功率了。

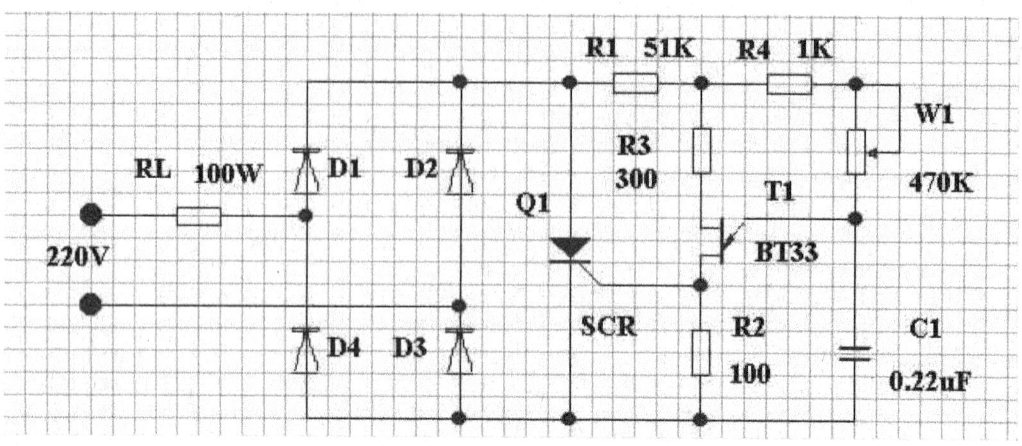

图 2-2-6 单向可控硅调压电路图

请同学们观察可控硅调光电路和单向可控硅调压电路，说出它们之间的共同点和不同点。

项目三 555集成电路的应用（路灯照明自动控制电路）

项目描述

随着城市规模的不断扩大，现有的路灯管理的方式、方法已远远不能满足城市路灯发展与管理的需要，而照明自动控制电路正好可以解决这个问题，实现控制开关灯的合理化、科学化，而解决开灯早、关灯晚，或者开灯晚、关灯早的现象。

项目目标

1. 掌握555集成块的工作原理
2. 掌握路灯照明自动控制电路的工作原理及电路焊接、调试
3. 了解各种常见电子器件的特性
4. 提高学生独立分析问题、解决问题的能力

项目实施

任务一 了解产品的功能

路灯是校园的一道风景，也是校园照明不可缺少的设施。目前很多学校还是采用人工控制方式来控制路灯的开关，因为控制人员和控制开关一般处于室内，所以就难免出现路灯早开、晚开、早关、晚关等一系列问题。这不仅仅影响了全校师生的工作活动，同时也造成电能浪费。为了能在适当的时候打开路灯为师生服务，同时使控制智能化更安全化，应使用自动控制装置。

该电路是路灯照明自动控制电路，R是光敏电阻，白天受到光照，光敏电阻阻值变小，高触发端6脚将大于$\frac{2}{3}V_{CC}$，555定时器的输出端3脚为低电平，不足以使继电器KA动作，照明灯熄灭；夜间无光或者光照减弱，光敏电阻阻值变大，低触发端2脚电压小于$\frac{1}{3}V_{CC}$，555定时器的输出端3脚为高电平，使继电器KA动作，照明灯点亮。

任务二 简单原理分析

学一学 555 定时器的基本原理

555 定时器是一种模拟—数字混合式中规模集成定时电路。用它可以构成单稳态触发器、多谐振荡器和施密特触发器等脉冲电路。555 定时器在工业自动控制、定时、延时、报警、仿声、电子乐器等方面有广泛应用。

1. 电路组成

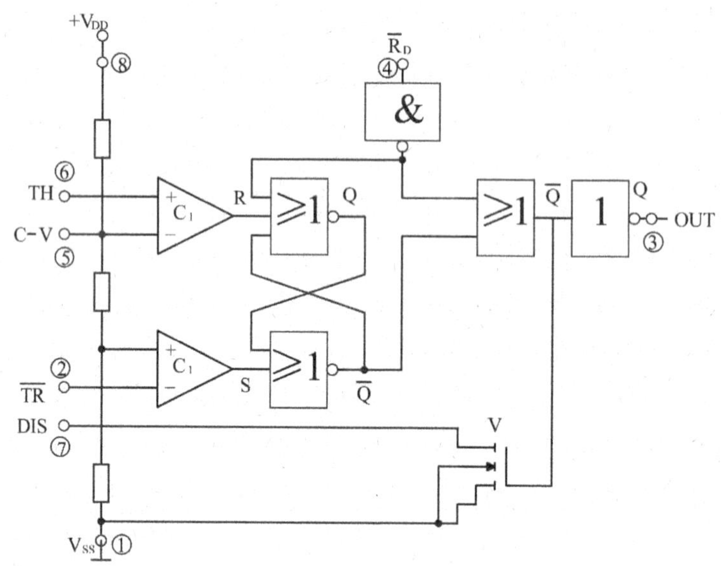

图 2-3-1 555 集成块内部原理图

电路可分为电阻分压器、电压比较器、基本 RS 触发器和输出缓冲器等部分。

2. 工作原理

(1)电阻分压器和电压比较器。

电阻分压器由 3 个等值电阻 R 组成，对电源电压 V_{DD} 分压。

比较器 C_1 的“$\frac{2}{3}V_{DD}$”端，比较器 C_2 的“$\frac{1}{3}V_{DD}$”端：

当进入 TH 的电压大于$\frac{2}{3}V_{DD}$时，比较器 C_1 输出高电平 1；

若加在$\overline{TR}$的电压小于$\frac{1}{3}V_{DD}$，比较器 C_2 也输出高电平 1。

(2)基本 RS 触发器。

当 $C_1=1,C_2=0$，即 $R=1,S=0$ 时，$Q=0,\overline{Q}=1$；

当 $C_1=0,C_2=1$，即 $R=0,S=1$ 时，$Q=1,\overline{Q}=0$；

当 $C_1=0,C_2=0$，即 $R=0,S=0$ 时，RS 触发器保持原态不变；

$\bar{R}_D$ 复位端置 0 时，定时器输出低电平，$\bar{R}_D$ 平时应接高电平 1，定时器的输出 $OUT=Q$；

(3)放电管 V 和输出缓冲器

若 $Q=0$，$\bar{Q}=1$，放电管的栅极为高电平，V 导通。

若 $Q=1$，$\bar{Q}=0$，放电管的栅极为低电平，V 截止。

输出端的反相器构成输出缓冲器，主要作用不仅可以提高电流驱动能力，同时还可以隔离负载对定时器的影响。

表 2-3-1　功能表

复位 $\bar{R}_D$	高触发端 TH	低触发端 $\overline{TR}$	输出 OUT	放电管 V
0	×	×	0	导通
1	$>2/3V_{DD}$	$>1/3V_{DD}$	0	导通
1	$<2/3V_{DD}$	$>1/3V_{DD}$	不变	不变
1	$<2/3V_{DD}$	$<1/3V_{DD}$	1	截止

看一看　555 定时器的符号与实物

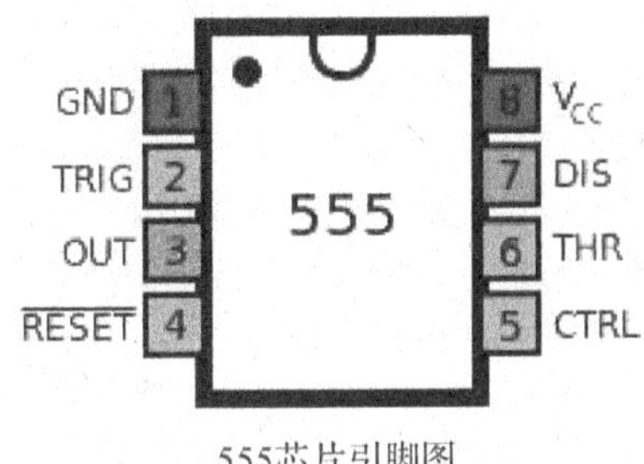

图 2-3-2　555 定时器引脚图

图 2-3-3　555 定时器实物图

读一读　555 定时器电路原理图

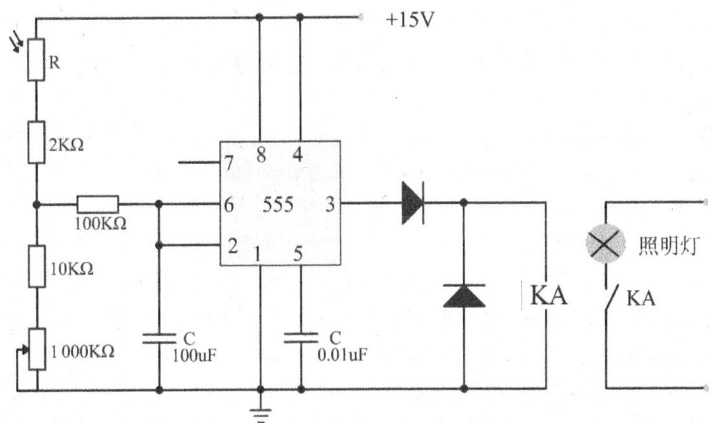

图 2-3-4　555 定时器电路原理图

任务三 准确检测元器件

识一识 元器件的好坏

1.测量电位器

用万用表“Ω”挡测量电位器的2个固定端的电阻,阻值应为其标称值,然后再测量电位器中心接线端与电阻器的接触情况,将1根表笔接中心接线端,另1根表笔接其余2端的任意一个,慢慢将转轴从一个极端位置旋转至另一极端位置,其阻值则从零(或标称值)连续变化到标称值(或零)。在旋转过程中,表针指示应平稳移动,不应有跳动现象。在移动电位器转轴的过程中,应该旋转灵活,松紧适当,手感良好。

2.测量电容器

电容器的隔直流作用和充放电特性,可用万用表电阻挡进行简单的测试。对于容量为几万皮法的电容,应当用万用表电阻挡R×10KΩ挡测试。当表笔接触电容时,可见指针偏转一定角度后立即返回原处,指针偏转越大,表明容量越大;指针偏转后不返回原处,表明漏电大;指针根本不动,不是说明容量小看不出指针偏转,就是说明电容器开路;指针偏转到满刻度(电阻为零),并且不返回,说明电容器短路(或被击穿)。电容器开路和短路均不能使用。

3.光敏电阻好坏检测

光敏电阻的好坏可用万用表R×100电阻挡,按图2-5-5所示连接好。当没有光照在光敏电阻上时,光敏电阻的阻值应在1MΩ以上,当有较强光照在光敏电阻上时,光敏电阻的阻值应在10kΩ以下。

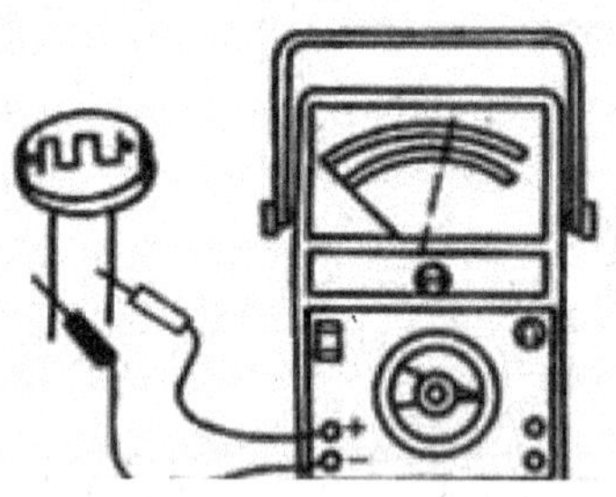

图2-3-5 万用表测量光敏电阻

任务四 读懂工艺要求

学一学 电路板的工艺要求

1.电阻:色环朝向一致,起始色环向左或向上,卧式安装

2.电容:字体朝向向下或者向右

3.电位器及其他:轴向垂直或者平行于印刷版

4.焊接:按要求焊接,焊盘要焊满,不能露有铜铂

任务五 整机装配与调试检测

试一试 整机装配与调试

1. 检查元器件是否都已经焊接完成
2. 在给电路板通电之前，检查电源线是否连接正常，确保没有将电源线正、负极接反
3. 电路板通电之后，遮挡光敏电阻，观察照明灯的亮灭情况

任务六 掌握故障排除方法

修一修 电路板的故障

1. 电路板正常工作，遮挡光敏电阻时，照明灯点亮；不遮挡光敏电阻时，照明灯熄灭
2. 电路板通电后，不论遮挡或不遮挡光敏电阻，照明灯一直亮着，调节电位器增大阻值
3. 电路板通电后，无论遮挡或不遮挡光敏电阻，照明灯一直灭着，调节电位器减小阻值
4. 电路板通电后，如果调节电位器都不能解决以上问题，则检查电路是否虚焊，元器件是否有问题，特别是光敏电阻

拓展训练

使用 555 构成多谐振荡器，如图 2-3-6 所示，用双踪示波器记录 3 脚和 6 脚的波形图，并绘制出来。

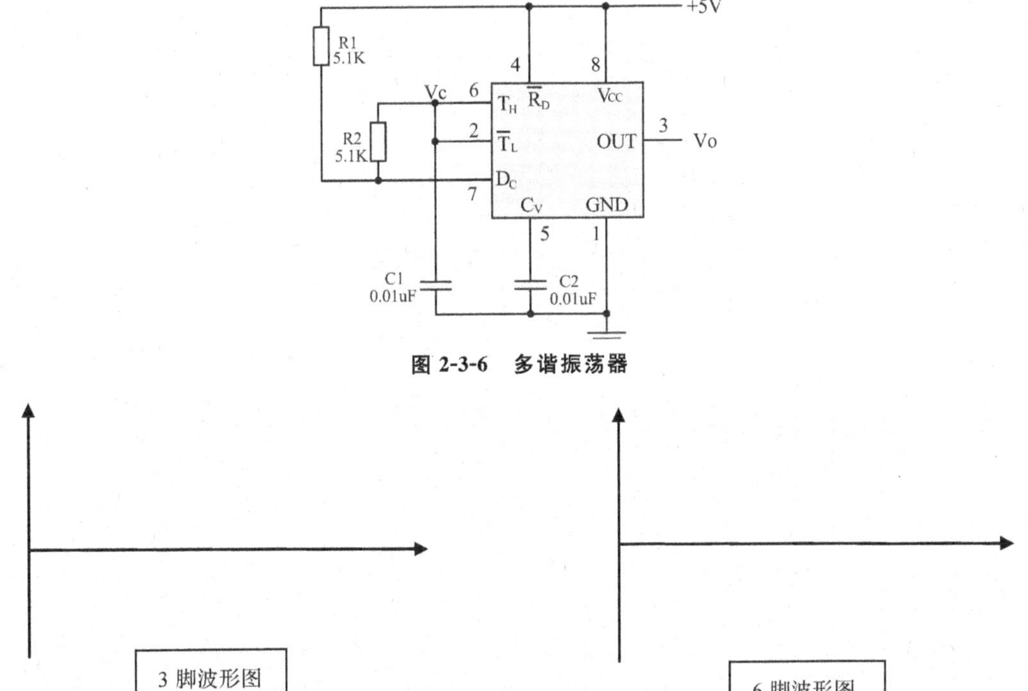

图 2-3-6 多谐振荡器

项目四 伊特电子镇流器的安装与调试

项目描述

随着LED照明灯的广泛使用，为了保证光源稳定工作，镇流器是一个必不可少的辅助器件。随着电子镇流灯行业的持续发展，产品水平不断提高，电子镇流器的研究和开发必然会成为未来的发展趋势。

项目目标

1. 掌握电子镇流器电路的工作原理及电路焊接、调试的方法
2. 了解各种常见电子器件的特性
3. 提高学生独立分析问题、解决问题的能力

项目实施

任务一 了解产品的功能

1. 电子镇流器

电子镇流器(Electrical Ballest)是指安装在电源与多个荧光灯之间，将电源的交流电压变换为高频的交流电，使灯(单只或多只)正常启动并稳定工作的变换器或电子装置。

2. 电子镇流器的优点

(1)能量损耗低、用电效率高。

(2)发光效率高、光色柔和。

(3)重量较轻、无闪烁、无噪声、有异常状态保护功能。

(4)有预热启动功能、可以实现调光功能、具有高功率因素。

3. 节能灯

节能灯又称为省电灯泡、电子灯泡、紧凑型荧光灯及一体式荧光灯，是指将荧光灯与镇流器(安定器)组合成整体的照明设备。主要是由“上部灯头结构”以及“底部灯管结构”组

成。在该结合的内部设有一个节能电子镇流器，其特征是在上结合结构部与节能电子镇流器的空间下方，增设一隔板结构，而在下结合结构部设一增长区段空腔结构，并在该段增长空腔结构外壁周围，环设多个通孔，用于多元隔热、分流、散热，确保节能灯能正常使用。

任务二　简单原理分析

学一学　电子镇流器的基本原理

电子镇流器是将低频的交流电通过整流转变为直流电，再经过逆变器变换为较高频率的交流电，由高频能量来驱动一只或几只灯管，使之启辉点亮并正常工作。逆变器一般工作于 20～70KHz 的高频，无源电路输出级采用 LC 串联谐振电路，通过高频电压将灯点亮，在正常点亮以后由电感限制灯的电流；有源电路采用功率因素校正和芯片驱动将灯管点亮，在正常点亮以后由电感限制灯的电流。

在电子镇流器中，还可以增加一些附加电路，如：保护电路、调光电路等，来增加它的功能和扩大它的应用范围。

读一读　电子镇流器的电路原理图

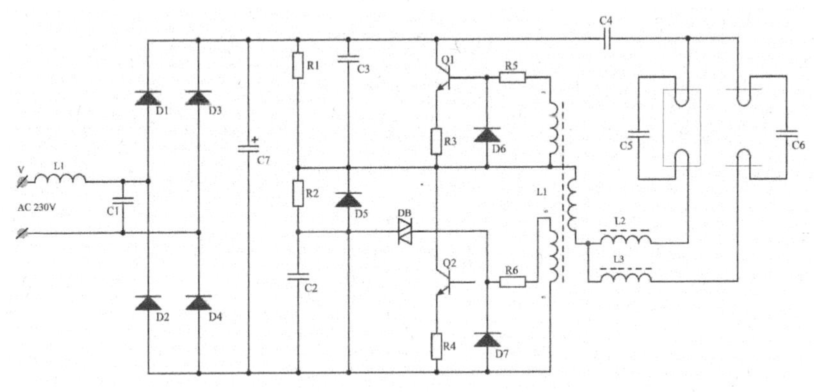

图 2-4-1　电子镇流器的电路原理图

任务三　准确检测元器件

识一识　元器件的好坏

1. 测量电容器

电容器的隔直流作用和充放电特性，可用万用表电阻挡进行简单的测试。对于容量为几万皮法的电容，应当用万用表电阻挡 R×10kΩ 挡测试。当表笔接触电容时，可见指针偏转一定角度后立即返回原处，指针偏转越大，表明容量越大；指针偏转后不返回原处，表明漏电大；指针根本不动，不是说明容量小看不出指针偏转，就是说明电容器开路；指针偏转到满刻度（电阻为零），且不返回，说明电容器短路（或被击穿）。电容器开路和短路均不能使用。

2. 双向触发二极管的检测

(1)正、反向电阻的测量。

用万用表 R×1k 或 R×10k 挡,测量双向触发二极管正、反向电阻值。正常时其正、反向电阻值均应为无穷大。若测得正、反向电阻值均很小或为 0,则说明该二极管已击穿损坏。

(2)测量转折电压。

测量双向触发二极管的转折电压有 3 种方法(如图 2-4-2 所示):

①将兆欧表的正极(E)和负极(L)分别接双向触发二极管的两端,用兆欧表提供击穿电压,同时用万用表的直流电压挡测量出电压值,将双向触发二极管的两极对调后再测量一次。比较一下 2 次测量的电压值的偏差(一般为 3～6V)。此偏差值越小,说明此二极管的性能越好。

②先用万用表测出市电电压 U,然后将被测双向触发二极管串入万用表的交流电压测量回路后,接入市电电压,读出电压值 U1,再将双向触发二极管的两极对调连接后并读出电压值 U2。

若 U1 与 U2 的电压值相同,但与 U 的电压值不同,则说明该双向触发二极管的导通性能对称性良好。若 U1 与 U2 的电压值相差较大时,则说明该双向触发二极管的导通性不对称。若 U1、U2 电压值均与市电 U 相同时,则说明该双向触发二极管内部已短路损坏。若 U1、U2 的电压值均为 0V,则说明该双向触发二极管内部已开路损坏。

③用 0～50V 连续可调直流电源,将电源的正极串接 1 支 20kΩ 电阻器后与双向触发二极管的一端相接,将电源的负极串接万用表电流挡(将其置于 1mA 挡)后与双向触发二极管的另一端相接。逐渐增加电源电压,当电流表指针有较明显摆动时(几十微安以上),则说明此双向触发二极管已导通,此时电源的电压值即是双向触发二极管的转折电压。

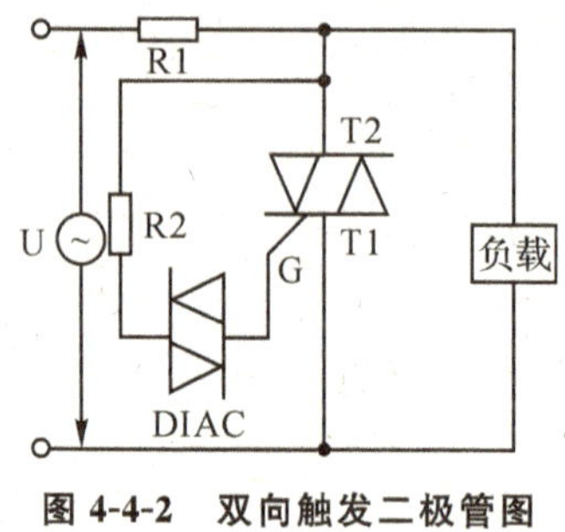

图 4-4-2 双向触发二极管图

任务四 读懂工艺要求

学一学 电路板的工艺要求

1. 插件的工作项目及注意事项

(1)插件组组长根据车间下发的生产任务单,按《电子镇流器配件册》上的具体参数填写领料单,交车间技术员审核,由车间主管签字后到仓库领取原材料。

(2)组长对仓库发出的原材料的型号、规格、数量进行核实,确认无误后领回车间发给插件组组员。

(3)组长按照所插线路板型号、元件高度、难易程度、脚位多少,合理地安排插件。将作业分配卡发到组员手中,作业分配卡上要写清楚元件代号、规格和特殊要求。要求在插件过程中前后衔接顺畅。

(4)插件组员将作业分配卡夹在玻璃层中,将领到的元件与作业分配卡上书写的元件型号、规格、数量进行核对,确保无误。

(5)在整个插件过程中,一定要注意二极管、电解电容、三极管、磁环、扼流圈的方向性,不得出现插错、插反、漏插等异常情况。

2.一个良好的焊点是怎么样的

一个良好的焊点应该是焊点光滑,锡量适中,无毛刺、砂眼、气孔、拉尖、桥接和短路等现象。

3.焊接温度对线路板有哪些影响

温度过高:(1)印制线路板会发生变形;(2)阻焊膜会起泡;(3)对元器件造成损伤。

温度过低:(1)焊点毛糙、不光亮;(2)出现虚焊及拉尖。

4.补焊工序要做哪些事情

(1)将摆放不整齐的元器件扶正。

(2)补虚焊点、漏焊点及漏插的元器件。

(3)有能力时,要将插反的元器件(如二极管)纠正。

5.电烙铁的选用

电烙铁的种类及规格有很多种,而被焊电子元器件的大小及要求又各不相同。因而合理地选用电烙铁的功率及种类,对提高焊接质量和效率有直接的关系。在焊接过程中,由电烙铁提供热量。只有当焊点吸收足够的热量之后焊接区域的温度升高到一定程度使焊锡熔化,焊剂才能得以良好挥发,从而才能有牢固、光滑的焊点。如果电烙铁的功率过大,则使过多的热量传送到焊接工件上,造成元器件损坏、印刷线路板的铜皮脱落等焊接缺陷。在实际使用时,千万注意不要以为电烙铁功率越小就越不会烫坏元器件。以焊接大功率三极管为例,如用小功率的电烙铁,它同元件接触后不能快速供上足够的热,焊点达不到焊接温度而又延长烙铁停留时间,热量会传到整个三极管上,极易使其管芯温度过高而损坏。

任务五　整机装配与调试检测

试一试　整机装配与调试

1.线路板组装

组装人员主要负责对电子镇流器进行装配,简单地说就是将调试完毕的线路板正确地装入外壳中,贴上商标,进行成品检测,合格的产品贴上合格证后送交仓库。

组装人员要注意的几点:

(1)在装线路板之前,必须检查镇流器外壳是否合格,将不合格的选出来;

(2)在装线路板的时候必须安放绝缘膜,要卡弹簧扣的必须再将三极管绝缘膜装上;

(3)在组装完毕后,贴商标的时候绝对不允许贴反;

(4)成品检测时,如果发现灯不亮或亮的异常时,必须及时提出,及时进行返修。

2.线路板调试

焊接好的线路板经检查无误后,要逐个进行测试,在输出端接相应功率的灯管,在输入端加额定交流电压,检测电子镇流器是否正常工作,各项参数是否满足技术要求,对出现故障的进行返修,称为线路板调试。

电子镇流器调试步骤及注意事项:

(1)调试人员在拿到线路板后要仔细检查线路板,①正面的元器件有无插错、插反以及过高;②线路板背面焊点有无短路、虚焊、拉尖、圆点,切脚是否出现过高或过短。

(2)在排除了以上所叙述的情况后,可以进行通电测试。把电路板按规定要求与调试架子(夹子)连接好,打开电源开关,慢慢上调调压器电压(在100V以内,电流表应有反应)至130V,灯应正常点亮。把电压上调至250V,用万用表直流1 000V挡测量三极管Uce两端电压,应在规定的范围内。(该电压为偏差电压,偏差电压根据不同的镇流器有不同的要求)。

(3)灯正常点亮后,在电压为220V的时候观察其工作电流,工作电流应在规定的范围内。

(4)将电压下调至150V,关闭电源开关,将镇流器输出双边接短路,再打开电源开关,观察电流表指数,该电流为"启动电流",启动电流应在规定的范围内。观察启动电流的时间不应该超过2s,观察完毕马上将电源开关关闭。

(5)将电压重新上调到250V,在电源开关关闭的前提下,将镇流器输出双边短路,将电源开关迅速开再关,连续打2次,镇流器不应损坏。将输出双边重新接回灯管,打开电源开关,灯应正常点亮。将电压下调至0V,关闭电源开关,将镇流器取下,至此调试完毕。(250V短路打冲击的速度一定要快,不需要观察任何参数。)

任务六　掌握故障排除方法

修一修　电路板的故障

(1)Q1、Q2击穿而导致D1～D4被击穿,此时将引起电源断路。

(2)R6偏置损坏。

(3)振荡电路中电感易损坏。

(4)节能灯工作电压:170～250V适合中国供电需求。长寿命,平均使用寿命≥8 000h。无噪音、无频闪,对通讯、家用电器设备无干扰,比普通白炽灯泡省电80%。

(5)节能灯采用优质纯三基色荧光粉灯管,光效高、光衰小,光线自然,耗电少,发热低,色温2 700K、6 400K,是照明光源的最佳选择。

拓展训练

镇流电路VS整流电路

镇流电路是指安装在电源与一个或几个荧光灯之间，将电源的交流电压变换为高频的交流电，使灯（单只或多只）正常启动和稳定工作的变换器或电子装置。

整流电路把交流电能转换为直流电能的电路。大多数整流电路由变压器、整流主电路和滤波器等组成。

从概念上我们已经发现虽然读法相近，但是含义却大不相同，请同学们自行查阅资料，说说镇流电路和整流电路两者的相同点和不同点。

项目五　门铃的安装与调试

项目描述

门铃即门上的铃,可以发出声音提醒主人有客到访。分为有线门铃和无线门铃。无线门铃又分为不用电池的无线门铃和普通无线门铃。现在市场上所说的门铃是指用电池的有线门铃,无线门铃是未来门铃的趋势。

项目目标

1. 学会 555 集成块外形结构、引脚排列及功能与使用方法
2. 掌握 555 集成块组成定时电子门铃电路工作原理
3. 了解各种常见电子器件的特性
4. 提高学生独立分析问题、解决问题的能力

项目实施

任务一　了解产品的功能

现如今门铃不再是有钱人家的专项,门铃已在平民百姓人家广泛使用,各式各样的门铃比比皆是。

下面为大家介绍一款基于 555 定时器的音频门铃。

任务二　简单原理分析

学一学　555 定时器的音频门铃的基本原理

按下开关 S2,NE555 计时器,4 引脚输入高电平,元件工作,电容 C1 充电,且 2、6 引脚达到高电平,此时输出端 3 为低电平,扬声器发出响声;开关松开后,电容 C1 放电,在 2、6 引脚大于 1/3Vcc 前,3 端为低电平,扬声器工作;当放电使 2、6 端电平小于 1/3Vcc,3 端输出为高电平时,扬声器不工作。电容 C1 与 R4 一起控制引脚 4 的状态,使置零输入端呈不同的临界电压,从而控制扬声器声音时间的长短。当电路转换时,2、6 端电压不同,使得输出端 3 低

电平电压也不同，从而实现扬声器的双音。

看一看　555的符号与实物

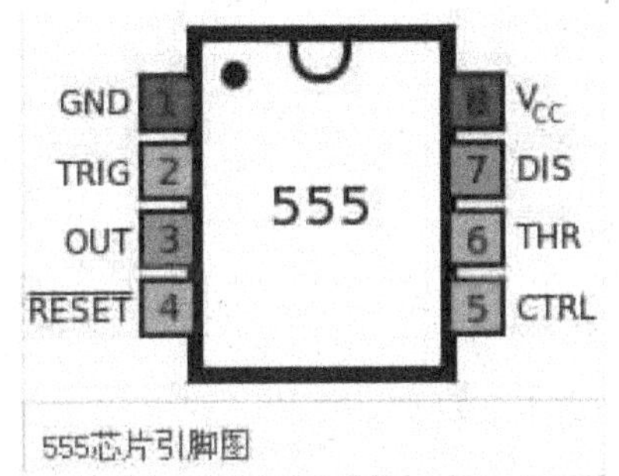

图 2-5-1　555 芯片引脚图

图 2-5-2　555 芯片实物图

读一读　555定时器音频门铃电路原理图

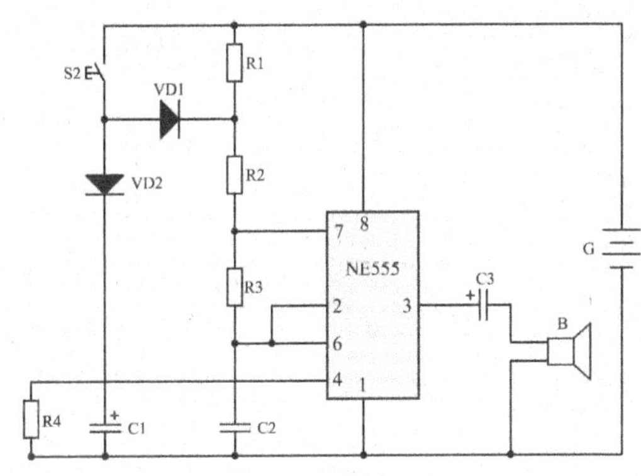

图 2-5-3　555 定时器音频门铃的电路原理图

任务三　准确检测元器件

元器件的检测是一项基本功，如何准确有效地检测元器件的相关参数，判断元器件的是否正常，不是一件千篇一律的事，必须根据不同的元器件采用不同的方法，从而判断元器件正常与否。根据元器件清单进行检测，必须做到无遗漏，把不符合要求的元器件检测出来。

识一识　元器件的好坏

1. 测量电容器

电容器的隔直流作用和充放电特性，可用万用表电阻挡进行简单的测试。对于容量为几万皮法的电容，应当用万用表电阻挡 R×10kΩ 挡测试。当表笔接触电容时，可见指针偏转一定角度后立即返回原处，指针偏转越大，表明容量越大；指针偏转后不返回原处，表明漏电大；指针根本不动，不是说明容量小看不出指针偏转，就是说明电容器开路；指针偏转到满刻度(电阻为零),且不返回,说明电容器短路(或被击穿)。开路和短路的电容器均不能使用。

2. 测量二极管

(1)二极管极性判别。

根据二极管的正向电阻小,反向电阻大的特点,用万用表的欧姆挡判别二极管的极性。

①将万用表置于 R×100 或 R×1K 挡,两表笔分别接触二极管的 2 管脚,如果万用表指出的是几百欧姆的小阻值,则黑表笔接的为二极管的正极。红表笔接的为二极管的负极。如图 2-5-4(a)所示。

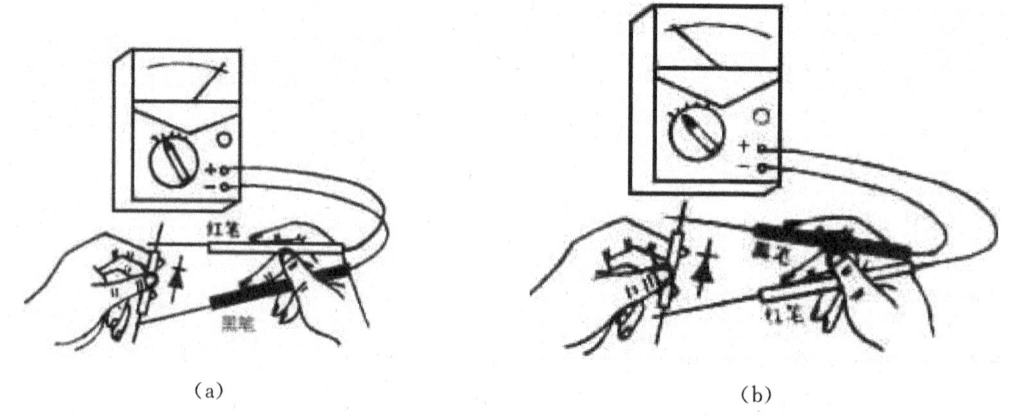

(a) (b)

图 2-5-4 测试图

②将万用表置于 R×100 或 R×1K 挡,两表笔分别接触二极管的 2 管脚。如果万用表指出的是几百千欧姆的阻值,则红表笔接的为二极管的正极,黑表笔接的为二极管的负极。如图 2-5-4(b)所示。

3. 按钮开关。可用万用表欧姆挡检测它的通断情况。按下时接通,松开手后开关断开。

4. 扬声器。采用 Ø55 毫米或 Ø65 毫米、阻抗 8 欧姆的永磁场声器,如图 2-5-5 所示。可用万用表 R×1 挡检测。当 2 只表笔分别碰触扬声器 2 个接线片时,扬声器将发出“喀喀”声。

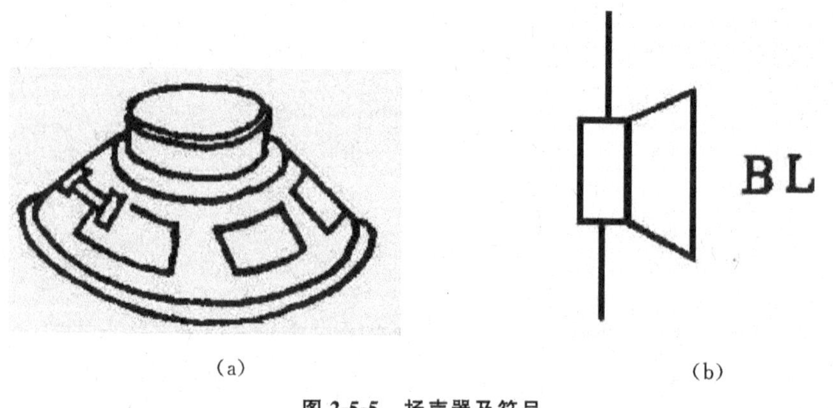

(a) (b)

图 2-5-5 扬声器及符号

任务四 读懂工艺要求

学一学 电路板的工艺要求

1. 对各元器件进行正确检测，验证元器件是否完好无损，将检测结果填写表格

2. 先焊装 555 集成电路基座，严格控制各脚，不能出现搭焊

3. 按照各脚预先设计，以 555 电路为核心，在 555 周围分布其他各器件

4. 布局完成后，开始按照一定规则进行焊接，元器件装接的顺序是从低到高，由内至外（以 555 电路为核心），合理规范

任务五 整机装配与调试检测

试一试 整机装配与调试

1. 电路装接直至完成

2. 电路要求：元器件排列整齐，分布均匀，周围留空，焊点光滑圆润、形状匀称，无虚焊、桥接、脱焊等，焊接牢固，电路总体美观

任务六 掌握故障排除方法

修一修 电路板的故障

针对出错电路：

1. 自查元件，确认各元器件选择无误

2. 排查线路，确认各元器件（引脚）应用及跳线连接正确

3. 分析故障产生原因，排查并指导学生查找故障点（通常用电位排查法）

4. 分析电路工作状态，对不能正常工作的现象进行分析，查找原因，并尝试改进，直至电路正常工作

拓展训练

使用 555 集成块构成单稳态触发器，用双踪示波器记录 3 脚和 6 脚的波形图，并将它们绘制出来。

2CK13
+5V
R
R_1
5.1kΩ
D
100kΩ
4
8
6
T_H
$\overline{R_D}$
V_{CC}
C_1
Vi
2
$\overline{T_L}$
555
OUT
3
Vo
0.01uf
Vc
7
D_C
C_V
GND
C
47uf
5
1
0.01uf
C_0
3 脚波形图
6 脚波形图

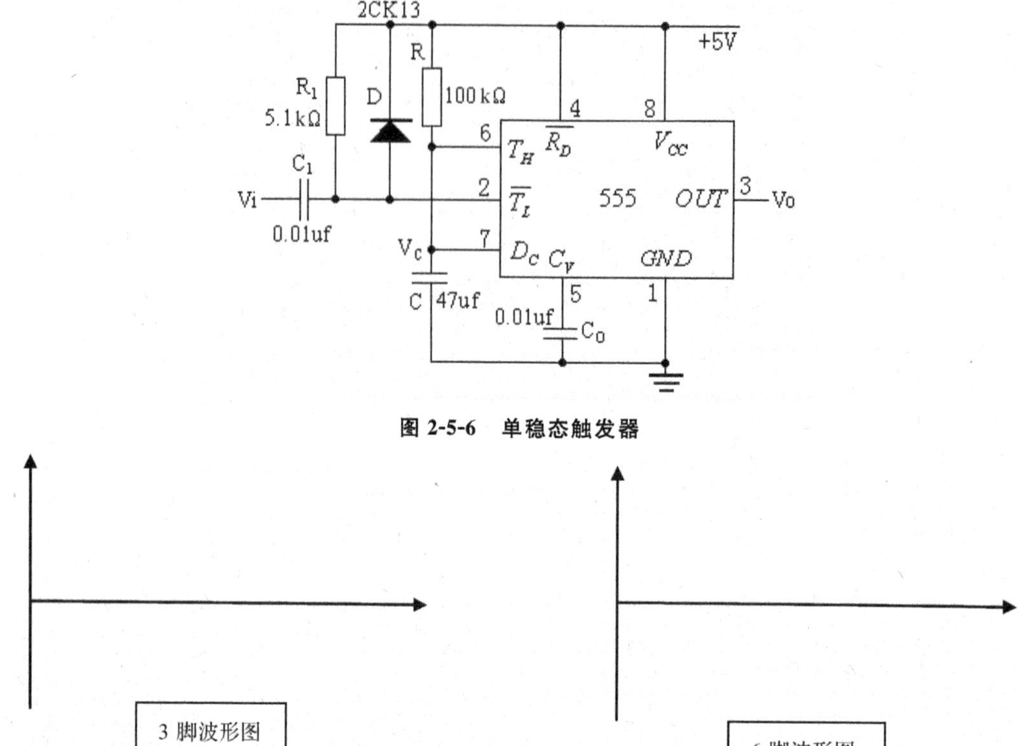

图 2-5-6　单稳态触发器

项目六 78、79系列三端稳压器的应用

项目描述

随着半导体工艺的发展，稳压电路也被制成了集成器件。由于集成稳压器具有体积小、外接线路简单、使用方便、工作可靠和通用性等优点，因此在各种电子设备中应用十分普遍，基本上取代了由分立元件构成的稳压电路。集成稳压器的种类很多，应根据设备对直流电源的要求来进行选择。对于大多数电子仪器、设备和电子电路来说，通常是选用串联线性集成稳压器。而在这种类型的器件中，又以三端式稳压器应用最为广泛。

项目目标

1. 熟悉 78、79 系列三端稳压器的功能
2. 熟悉并能区分 78、79 系列三端稳压器引脚的特性
3. 了解各种常见电子器件的特性
4. 提高学生独立分析问题、解决问题的能力

项目实施

任务一 了解产品的功能

由于集成稳压器具有体积小、外接线路简单、使用方便等优点，因此在各种电子设备中应用十分普遍。在这种类型的器件中，三端式稳压器应用最为广泛。78 系列和 79 系列三端式集成稳压器的输出电压是固定的，在使用中不能进行输出电压调整。如图 2-6-1，78 系列三端式稳压器输出正极性电压，一般有 5V、6V、9V、12V、15V、18V、24V 等 7 挡，输出电流最大可达1.5A(加散热片)。

任务二　简单原理分析

学一学　78、79三端稳压电路的基本原理

用三端式稳压器7812构成的单电源电压输出、串联型稳压电源的实验电路图。图为78、79系列三端稳压电路原理图，其中，整流部分采用了由4个二极管组成的桥式整流电路，滤波电容C1和C2一般选取几百至几千微法，电容C3和C4用来实现频率补偿，防止产生高频自激振荡和抑止输入高频干扰信号。

看一看　78、79系列三端稳压器的符号及应用

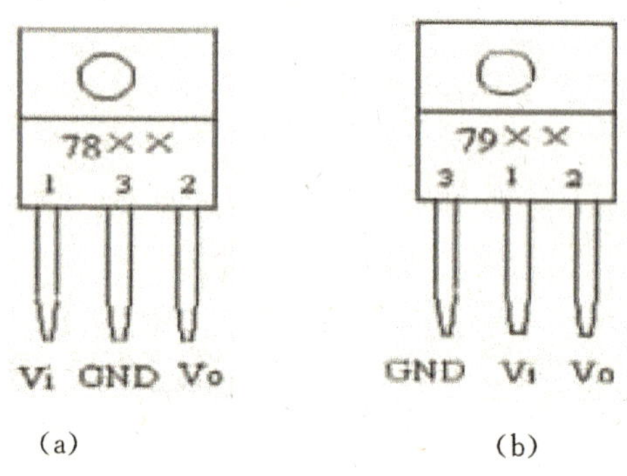

图2-6-1　78、79系列三端稳压器图形

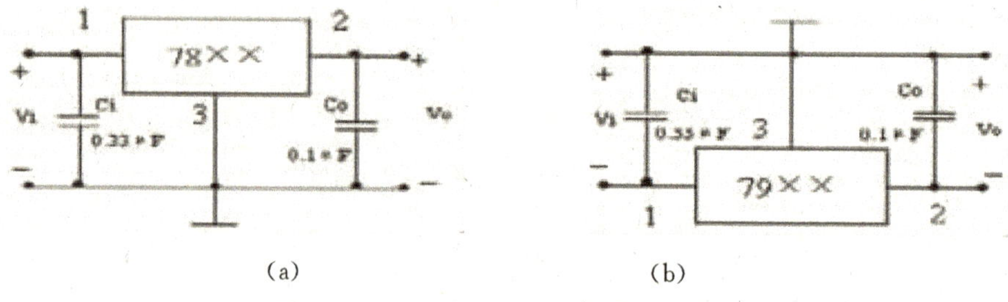

图2-6-2　78、79系列三端稳压器及应用

读一读　78、79系列三端稳压电路原理图

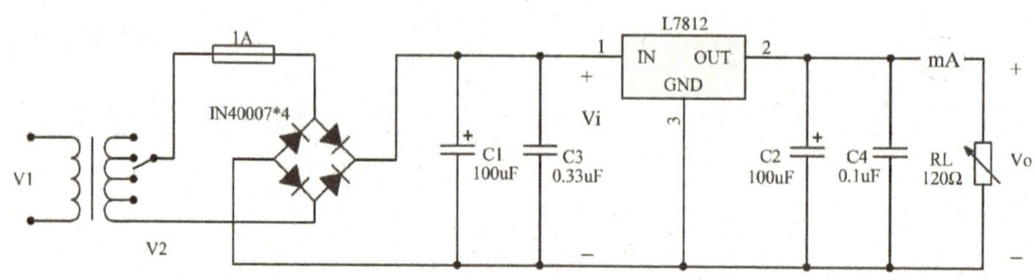

图2-6-3　78、79系列三端稳压电路原理图

任务三 准确检测元器件

识一识 三端稳压器的好坏

检测稳压器的好坏有 2 种方法：

(1)通电时测三端稳压器的直流输出电压是否与标称值相同，如输出电压过高或过低，说明三端稳压器损坏。

(2)用万用表测量各管脚间的电阻值来判断其是否正常，即用 R×1 挡测量 78××系列各管脚之间的电阻值，测量结果如下表 2-6-1 所示。

表 2-6-1

黑表笔位置	红表笔位置	正常电阻值(KΩ)	不正常电阻值
Ui 输入端	GND	15～45	0 或∞
Uo 输出端	GND	4～12	0 或∞
GND	Ui 输入端	4～6	0 或∞
GND	Uo 输出端	4～7	0 或∞
Ui 输出端	Uo 输出端	30～50	0 或∞
Uo 输入端	Ui 输入端	4.5～5	0 或∞

任务四 读懂工艺要求

学一学 电路板的工艺要求

1. 使用万能电路板，自行设计布局

2. 电装工艺要求

(1)电阻采用水平安装，并贴紧印制板。电阻的色环方向应该一致。

(2)电容器、电位器，底面离万能板距离不大于 4mm。

(3)所有插入焊盘孔的元器件脚及导线均采用直脚焊，剪脚留头在焊面以上 0.5～1mm。

任务五 整机装配与调试检测

试一试 整机装配与调试

1. 按原理图在电路板上布局并正确安装元器件

2. 通电前特别注意电源部分是否正确，接线是否安全

3. 检查无误后，接通电源，用万用表测量输出端电压是否正常

任务六　掌握故障排除方法

修一修　电路板的故障

故障实例:输出电压值为零。

故障分析:线路正确,输入电压有,故障可能是三端稳压器损坏。

排除故障思路:先测量稳压器输入端是否有电压,再查看线路是否正确。

拓展训练

(1)运用所学知识看电路图中,Vo1 和 Vo2 电压值是多少?

(2)假如我需要 36V 电压,该如何改动下面的图,需要什么元器件?

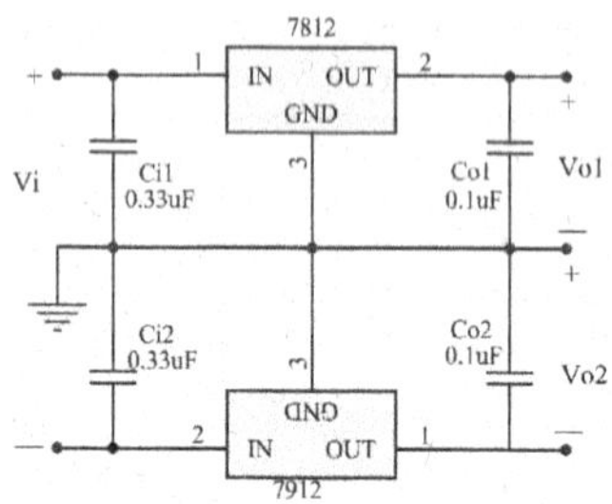

图 2-6-4　稳压电路图

项目七 模拟知了声电路的安装与调试

项目描述

三极管 VT1 、 VT2 等组成低频振荡器，其输出端 B 通过电容 C3 和 R5 加至 VT3 管的基极。管 VT3 、 VT4 管等组成一音频振荡器，其振荡频率由 R7 、 C4 的数值决定，并受低频振荡器输出电压的控制。当 VT2 管由导通变为截止时，VB 也由低电平迅速变为高电平，这一正跳变脉冲加至 VT3 管基极、发射极之间，使 VT3 管正偏压增大时，音频振荡频率增高；反之，当 VT2 管由截止变导通时，使 VT3 管正偏压减小，音频振荡频率变低。于是，这一频率高低变化的音频信号经扬声器后，即可发出连续不断的“知了”声响。

项目目标

1. 熟悉由三极管组成的振荡器的原理
2. 熟悉电路的原理分析，并学会自主安装、调试并写出结果

项目实施

任务一 了解产品的功能

模拟“知了”声电路由多谐振荡器与音频振荡电路 2 个比较典型的单元电路组成，是一项综合性的实训内容。该电路集声光于一体，趣味性强，又贴近生活实际，而且成功率高。

任务二 简单原理分析

学一学 指示灯电路的基本原理

由多谐振荡器和音频振荡器组成的模拟“知了”声的电子线路；如图 2-7-1 中，VT1、VT2 2 个晶体三极管及 R1、R2、R3、R4、C1、C2、VD1、VD2 等阻容元件和发光二极管构成多谐振荡器。输出信号从 B 点通过电容器 C3、电阻 R5 送到 VT3 管的基极。VT3、VT4 管以及

R6、R7、C4 和扬声器等组成一个音频振荡器，其振荡频率由 R7、C4 的数值决定并受多谐振荡器输出电压的控制。当 VT2 管由导通变为截止时，B 点电压由低电平迅速变为高电平，这一正跳变脉冲加到 VT3 管的基极和发射极之间，当 VT3 管正偏压增大时，音频振荡频率增高；反之，当 VT2 管由截止变为导通时，使 VT3 管正偏压减小，音频振荡频率变低。于是这一频率高低变化的音频信号经过扬声器后，可发出连续不断的"知了"声音，发光二极管也同时闪烁，增加动态美感。

读一读 模拟知了声电路原理图

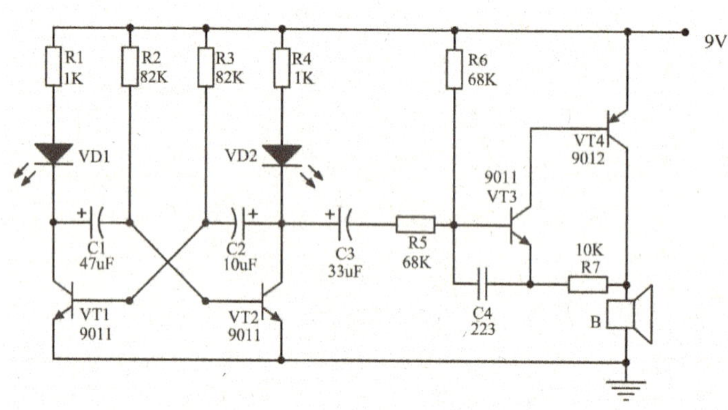

图 2-7-1 模拟知了声电路原理图

任务三 准确检测元器件

元器件的识别与检测是电子技能训练中的一个重要环节，为了让同学们较好地掌握元器件识别与检测方法，务必在课中进行一定的练习。

识一识 各个元件的认识

同学在教师的指导下设计了以下 6 个问题。

1. 色环电阻器如何识读
2. 电解电容器的工作极性如何判别，质量好坏如何检测
3. 涤纶电容器的容量怎么识读
4. 发光二极管的正负极性如何判别
5. 三极管的管脚与类型怎样判断
6. 扬声器的极性如何判别，直流电阻值怎么测

任务四 读懂工艺要求

学一学 电路板的工艺要求

1. 电阻、二极管均采用水平安装(发光二极管除外)，并贴紧万能板。电阻的色环方向应

该一致

2. 三极晶体管、发光二极管立式安装，底面离万能板距离为6±2mm

3. 电容器、电位器、按钮直立式安装，底面离万能板距离不大于4mm

4. 所有插入焊盘孔的元器件脚及导线均采用直脚焊，剪脚留头在焊面以上0.5～1mm

任务五 整机装配与调试检测

试一试 整机装配与调试

接通电源，2个发光二极管轮流闪烁，扬声器发出模拟“知了”的声响。用万用表检测VT2的集电极电位，现象是万用表指针来回偏转；用示波器观察VT2的集电极电位，现象是直流电位上下跳动。

任务六 掌握故障排除方法

修一修 电路板的故障

(1)发光二极管闪烁，扬声器不响：检查扬声器和音频振荡器电路工作是否正常。具体检查方法如图2-7-2。

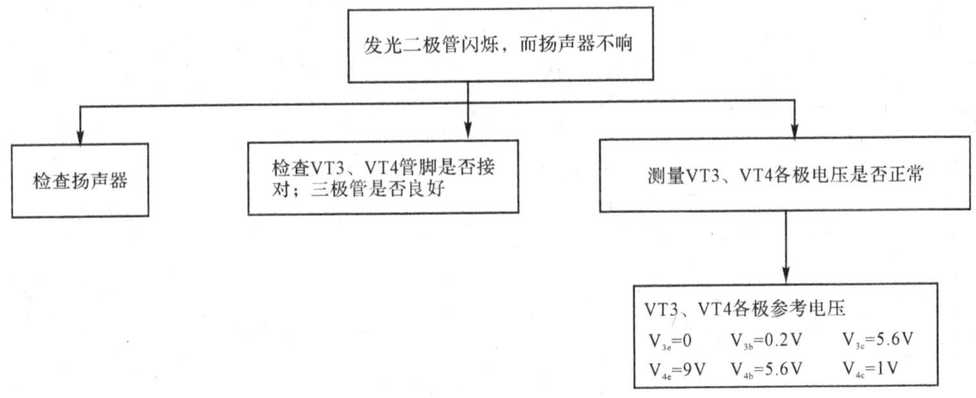

图2-7-2 检查扬声器和音频振荡器方法

(2)扬声器发出连续不断的响声，模拟声音不是“知了”声且发光二极管不闪烁，则是多谐振荡器不工作。具体方法如图2-7-3。

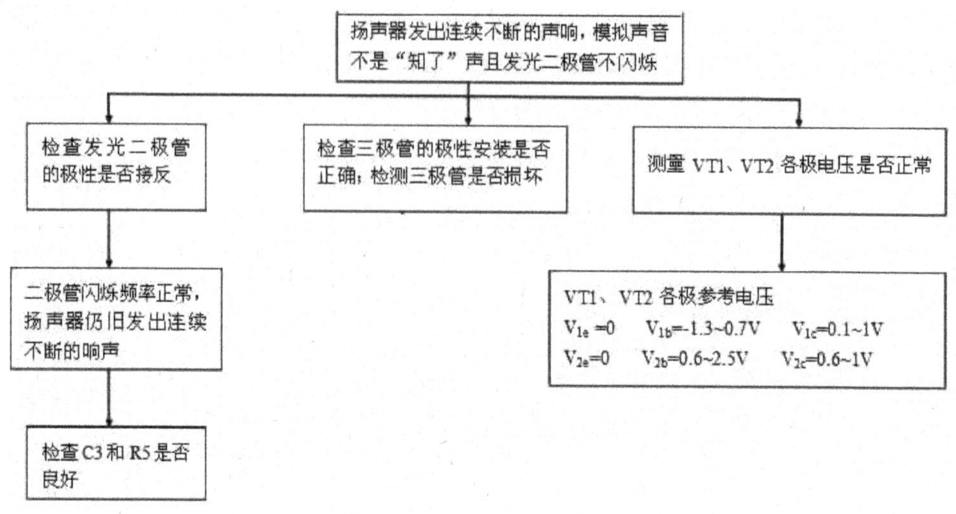

图 2-7-3 检查扬声器模拟声不是“知了”的方法

拓展训练

(1)发光二极管闪烁正常，扬声器仍旧发出连续不断的响声，这个排故障的思路是怎样的，故障点会在哪里？

(2)C3 和 R5 在电路中是将前级振荡信号耦合至后级。在 C3 和 R5 的这条支路中串联一个开关 S1，断开开关 S1，前后级各自振荡，VD1、VD2 正常闪烁，扬声器会发出怎样的叫声？为什么？

项目八　声光控电路的安装与调试

项目描述

本项目题研究的是声光控楼道灯延时电路的设计与制作，其主要工作方法是由声控和光控传感器来感应周围环境的变化而做出相应的动作，从而控制照明灯的开与关。白天当光线照射到光敏二极管上时，其通过感应使电路封锁声音通道，使声音脉冲不能通过，则灯泡不受声音控制，即声控传感器暂时失去作用，灯泡不亮。夜间或光线较暗时，光敏二极管因无光照呈低阻，经感应使声音通道开通，当有人走动或有人谈话时，通过声控传感器的感应，使得灯泡自动点亮，经过内部设定的时间后，灯泡自动熄灭。

项目目标

1. 熟悉可控硅的原理及符号
2. 熟悉整个声光控电路的原理并能简单分析其原理

项目实施

任务一　了解产品的功能

声光控开关必须同时具备 2 个条件：声、光才起作用。从声光控开关的结构上分析，开关面板表面装有光敏二极管，内部装有柱极体话筒。而光敏二极管的敏感效应，只有在黑暗时才起到作用(可用液晶万用表测得数值)。也就是说当天色变暗到一定程度时，光敏二极管感应后会在电子线路板上产生一个脉冲电流，使光敏二极管一路电路处在关闭状态，这时在楼梯口等处只要有响声出现，柱极体话筒就会产生脉冲电流，这时声光控制开关电路就起作用。

任务二　简单原理分析

学一学　声光控电路的基本原理

声光控开关的工作原理：220V 电压通过 D3～D7 降压整流后，经过 R7 限流，D2、C3 稳压滤波，为电路提供稳定的工作电压。R4、RG 组成分压电路，白天由于光照 RG 阻值变小，YFA 的 1 脚电位被拉低，由与非门的逻辑关系可知此时 YFA3 脚输出为高电平，经过 YF 的 2 脚反相变为低电平，D1 截止后级电路不动作。晚上光线暗 RG 阻值变大，YFA 的 1 脚电位升高，如果此时有声音被 MIC 接收，经 C1 耦合 T1 放大，在 R3 上形成音频电压，此时电压如果高于1/2电源电压，则 YFD 的 13 脚输出低电平，经 YFB 反相，4 脚输出的高电平经 D1 向 C2 瞬间充电，使 YFC 输入端接近电源电压，10 脚输出低电平，由 YFD 反相缓冲后经 R6 触发可控硅导通，电灯正常点亮(此时则由 C3 向电路供电)。如此后无声被 MIC 接收，则 YFA 输出恢复为高电平，C2 通过 R5 缓慢放电，当 C2 电压下降到低于 1/2 电源电压时 YFC 反转、YFD 反转，可控硅(SCR)截止电灯关闭，等待下次触发。

看一看　可控硅的符号与实物

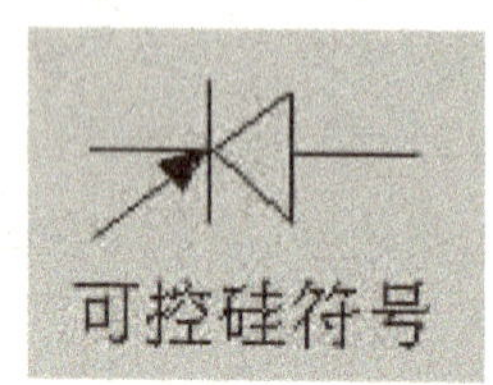

(a)可控硅符号

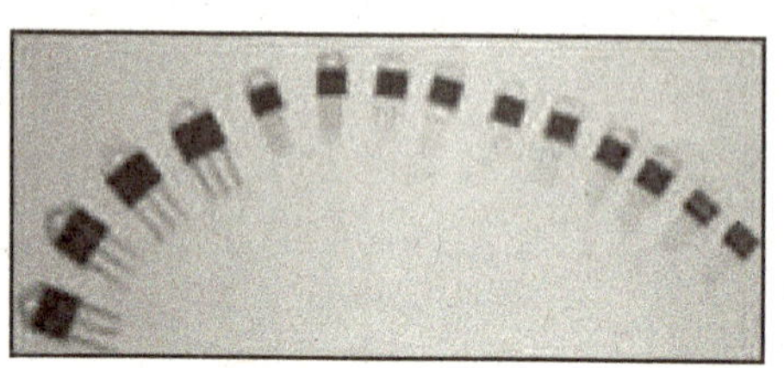

(b)可控硅实物图

图 2-8-1　可控硅符号与实物图

读一读　声光控电路原理图

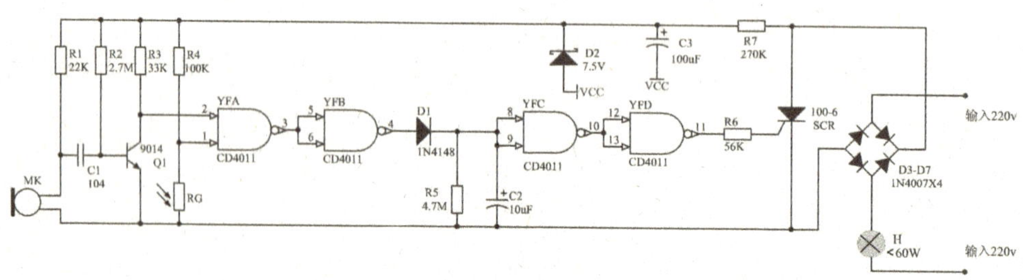

图 2-8-2　声光控电路原理图

任务三　准确检测元器件

元器件的检测是一项基本功，如何准确有效地检测元器件的相关参数，判断元器件是否正常，不是一件千篇一律的事，必须根据不同的元器件采用不同的方法，从而判断元器件正常与否。根据元器件清单进行检测，必须做到无遗漏，把不符合要求的元器件检测出来。

识一识　各个元件的好坏

同学们在教师的指导下设计了以下 6 个问题。

(1)色环电阻器如何识读?

(2)电解电容器的工作极性如何判别,质量好坏如何检测?

(3)涤纶电容器的容量怎么识读?

(4)发光二极管的正负极性如何判别?

(5)三极管的管脚与类型怎样判断?

(6)扬声器的极性如何判别?直流电阻值怎么测?

任务四　读懂工艺要求

学一学　电路板的工艺要求

(1)电阻、二极管均采用水平安装(发光二极管除外),并贴紧万能板。电阻的色环方向应该一致。

(2)三极管、发光二极管立式安装,底面与万能板距离为 6±2mm。

(3)电容器、电位器、按钮直立式安装,底面与万能板距离不大于 4mm。

(4)电源变压器用螺紧固在印制板上,螺母均放在导线面。变压器次级绕组向内,引出线焊在印制板上。变压器初级绕组向外,电源线从印制板导线面穿过电源线孔 A 并打结后与初级引出线焊接,再用绝缘胶布分别将 2 根线的焊头包密包紧,绝不允许露出线头。

(5)所有插入焊盘孔的元器件管脚及导线均采用直脚焊.剪脚留头在焊面以上 0.5～1mm。

任务五　整机装配与调试检测

试一试　整机装配与调试

将光敏二极管用不透光的物体遮挡住,测量 Q1 发射极对地电压,当在话筒边发出声音时,测得的电压就为 5V 以上,没有声音后又变为 0V。

节电开关,在白天或光线较亮时,节电开关呈关闭状态,灯不亮,夜间或光线较暗时,节电开关呈预备工作状态。当有人经过该开关附近时,脚步声等把节电开关启动,灯亮,延时 40～50s 后节电开关自动关闭、灯灭。

任务六　掌握故障排除方法

修一修　电路板的故障

1.元器件安装完成后,正常情况下通电 220V 电压检查元器件是否安装正确

2.在这种不明确情况下,可以不通交流电,加入 8V 直流电压到 D4 阳极,检查各个三极管工作电压

(1)V_e=+6.8V(Q1 的 e 极电压)。

(2)检查电子开关是否正常。用万用表电压挡检测可控硅(SCR100—6)阴阳极电压,当

短接 Q1 的 e、c 极，可控硅（SCR100—6）阳极电压下降为零时，此说明电子开关电路正常。

（3）检测 MIC 话筒两端电压 2～3V，说明 MIC 话筒连接正确。再检查 RG 光敏二极管两端电压值，光照时电压较低，不受光时电压较高，说明光控电路工作正常。

以上各项测试是正常工作时的电压变化情况，如实际制作好后不能实现设计的功能，按照单元电路的分析方法，分步查找原因。

拓展训练

（1）电路中的主要元器件是使用了 CMOS 数字集成电路 CD4011，其内部含有 4 个独立的与非门 VD1～VD4，使电路结构简单，工作可靠性高，请画出它的内部结构图。

（2）课后翻阅资料，画出采用两级三极管放大电路的声光控开关的电路图，并比较 2 种电路各自的优、缺点。

项目九 三角波、方波发生器

项目描述

在一些电子电路中往往需要三角波、锯齿波、方波、正弦波、阶梯波等信号，这些信号波形发生器根据性能要求的不同，可以由分立元件构成的电路产生，也可以由集成电路构成的电路来产生。既可以只产生一种波形，也可以产生多种波形。

项目目标

1. 熟悉电路的基本功能原理，学会用集成运算放大器组成三角波与方波发生器
2. 掌握三角波与方波发生器的调试与测量方法
3. 能正确焊装、检测、调试电路
4. 学会用示波器观察和测量电压、电流的波形
5. 通过调试，使三角波、方波发生器功能正常

项目实施

任务一 了解产品的功能

采用电压比较器和积分器同时产生三角波和方波。其中电压比较器产生方波，对其输出波形进行一次积分产生三角波。该电路的特点如下：

1. 线性良好，稳定性好
2. 频率易调，在几个数量级的频带范围内，可以方便地连续地改变频率，而且频率改变时，幅度恒定不变
3. 三角波和方波在半周期内是时间的线性函数，易于变换其他波形

任务二 简单原理分析

学一学 三角波、方波发生器电路的基本原理

本次波形发生器设计要求产生三角波和方波，矩形波发生电路是其他非正弦发生电路

的基础，当方波电压加在积分运算电路的输入端时，输出就获得三角波电压。而矩形波电压只有 2 种状态，不是高电平，就是低电平，所以电压比较器是它的重要组成部分。因为产生振荡，就要求输出的 2 种状态自动地相互转换，所以电路中必须引入反馈。因为输出状态应按一定的时间间隔交替变化，即产生周期性变化，所以电路中要由延迟环节来确定每种状态维持的时间。矩形发生器电路，它由反相输入的滞回比较器和 RC 电路组成。RC 回路既作为延迟环节，又作为反馈网络，通过 RC 充、放电实现输出状态的自动转换。

看一看　LM324 的符号及应用

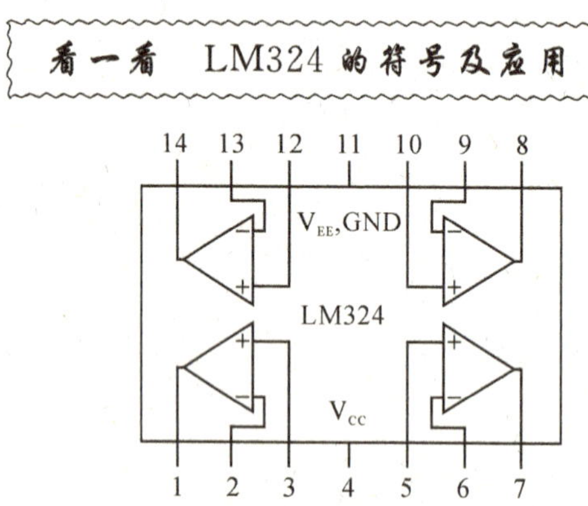

图 2-9-1　LM324 原理图

图 2-9-2　LM324 实物图

由于 LM324 四运放电路具有电源电压范围宽、静态功耗小、可做单电源使用、价格低廉等优点，因此被广泛应用在各种电路中。

读一读　三角波、方波发生器电路原理图

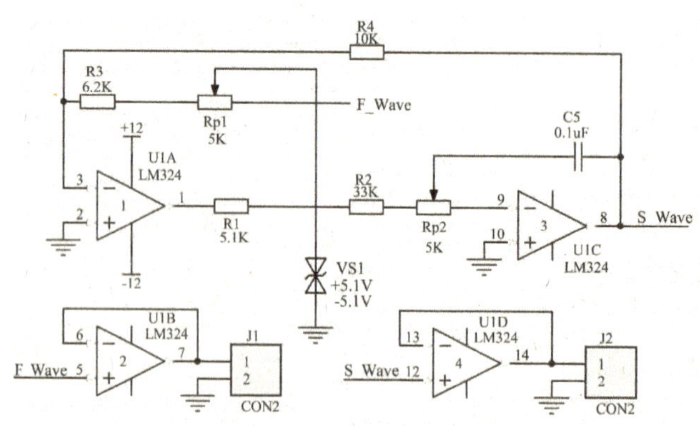

图 2-9-3　三角波、方波发生器电路原理图

任务三　准确检测元器件

识一识　检测元器件

(1)LM324 的好坏

器件做比较器使用，则允许同向输入端和反向输入端不等，

同向电压>反向电压，则输出电压接近正的最大值；

同向电压<反向电压，则输出电压接近 0V 或负的最大值；

如果检测到电压不符合这个规则，则说明器件已损坏。

任务四　读懂工艺要求

学一学　电路板的工艺要求

接好全部连线后，应对照电路图仔细复查一遍。检查晶体管或集成块的引脚是否插对，是否有漏线和错线，然后用万用表的 R×10Ω 挡检测电源与地线之间的电阻值，排除电源与地线之间的开路或短路现象。

1. 集成电路的安装

为防止集成电路芯片受损，在插入和拔出芯片时要非常细心。插入时应使器件的方向一致，缺口朝左，使所有引脚均对准插座板上的小孔，均匀用力按下；拔出时，必须用专用拔钳，夹住集成块两端，垂直向上拔起，或用小起子对撬，以免使其引脚因受力不匀而弯曲或断裂。

2. 正确合理布线

(1)导线的选择。

一般应选用直径为 0.5～0.8mm 的单股导线，长度适中，两端绝缘皮剥去 5～10mm，并剪成 45°。

(2)正确合理布线。

在电子电路中，由于布线错误而引起的故障占有很大比例。为避免或减少故障，要求布线合理和准确。

①元器件和连线要排列整齐，一般按电路顺序直线排列，输入与输出线要远离。在高频电路中，导线不要平行，以防止寄生耦合引起电路自激。元器件插脚和连线要尽量短而直，以防止分布参数影响电路性能。

②布线时要注意在器件周围走线，不允许导线在集成块上方跨过，以免妨碍排除故障或调换器件。

③为使布线整洁和便于检查，电路中不同功能的导线应尽量采用不同的颜色，如电源线用红色，接地线用黑色，等等。

④布线的顺序是先布电源线和地线，再布固定使用的规划线(如固定接地线或接高电平连线或接时钟脉冲的连线等)，最后再逐级连接控制线及各种逻辑线。必要时可以边接线边测试，逐级进行。走线应尽可能少遮盖其他插孔，以免影响其他导线的插入。

任务五　整机装配与调试检测

试一试　整机装配与调试

(1)通电观察：通电后不要急于测量电气指标，而要观察电路有无异常现象，如有无冒烟现象，有无异常气味，手摸集成电路外封装，是否发烫等。如果出现异常现象，应立即关闭电源，待排除故障后再通电。

(2)静态调试：静态调试一般是指在不加输入信号，或只加固定的电平信号的条件下所进行的直流测试，可用万用表测出电路中各点的电位，通过和理论估算值比较，结合电路原理的分析，判断电路直流工作状态是否正常，及时发现电路中已损坏或处于临界工作状态的元器件。通过更换器件或调整电路参数，使电路直流工作状态符合设计要求。

(3)动态调试：动态调试是在静态调试的基础上进行的，在电路的输入端加入合适的信号，按信号的流向，顺序检测各测试点的输出信号，若发现不正常现象，应分析其原因，并排除故障，再进行调试，直到满足要求。测试过程中不能凭感觉和印象，要始终借助仪器观察。使用示波器时，最好把示波器的信号输入方式置于 DC 挡，通过直流耦合方式，可同时观察被测信号的交、直流成分。

通过调试，最后检查功能块和整机的各种指标(如信号的幅值、波形形状、相位关系、增益、输入阻抗和输出阻抗等)是否满足设计要求。必要时再进一步对电路参数提出合理的修正。

本项目电路用一块集成电路芯片中的 2 个运放组成正反馈闭环电路，将同时产生方波和三角波。安装完毕后，经检查无误则可接上电源进行调试。在接上电源前应先把电源的输出电压调整到波形发生器要求的电压值，本项目电路的电源电压应为±12V。

通电后，用示波器观察电路的方波和三角波的波形，方波 Vo1 输出波形如图 2-9-4 所示，三角波 Vo2 输出波形如图 2-9-5 所示。如果没有波形可以调节 RP1、RP2 的大小使电路振荡(也可以在调试前按照设计参考值把电位器调整到相应的值，注意在电路中直接用万用表测电阻值会测不准，如何测量请考虑)。电路起振后用示波器观察波形，同时，用示波器测试方波、三角波的幅值、周期，并计算出频率。分别调整 RP1、RP2 的值，观察波形的变化，测量幅值、周期，计算频率，做好记录。把方波、三角波调整到本项目要求的技术指标。

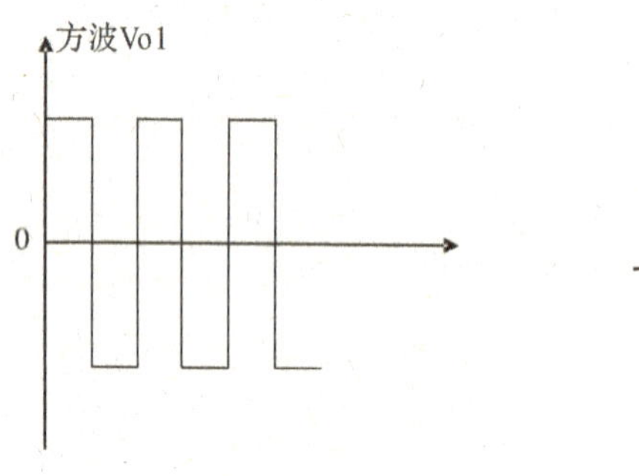

图 2-9-4 方波 Vo1 输出波形

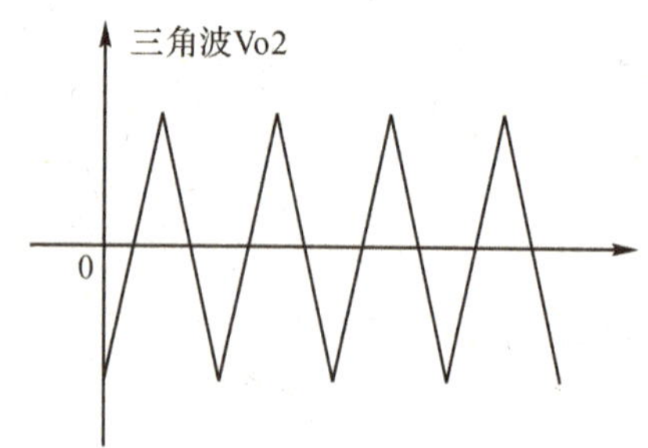

图 2-9-5 三角波 Vo2 输出波形

经过多次调试后，会出现完整的波形如图 2-9-6 所示。经过分析知道，方波的波形开始时有少量失真，随着电路的逐渐稳定，失真基本上完全消除。由于所有信号产生的频率都与方波和三角波产生模块所设置的频率一致，故所有产生的波形的频率都可以有所保证。此电路设计，符合设计要求。

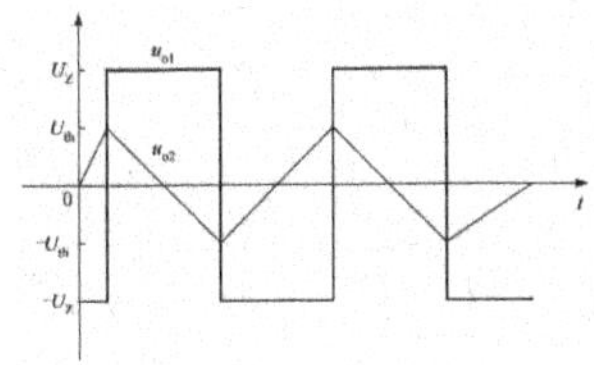

图 2-9-6　方波、三角波发生器的输出波形

任务六　掌握故障排除方法

修一修　电路板的故障

1.认真仔细复查

接好全部连线后,应对照电路图仔细复查一遍。

检查晶体管或集成块的引脚是否插对,是否有漏线和错线,然后用万用表的 R×10Ω 挡检测电源与地线之间的电阻值,排除电源与地线之间的开路或短路现象。

2.通电检查

(1)直接观察:上述检查无误后给电路通电,然后用手触摸元器件,检查有无异常发热现象、有无异味等。

(2)测量参数:用万用表测量电路的电源 Ucc 和地两脚之间的电压,测量晶体管的工作点是否符合要求等。

(3)采用动态逐级跟踪法:在电路输入端加入一个有规律的信号,按信号流程用示波器依次检查各级波形,看是否有故障直至找到为止。对于脉冲数字电路,还可用发光二极管来逐级显示其输入、输出脉冲信号。

(4)采用替换法:不改变电路的接线,通过更换一些元器件来发现故障。

(5)消除电路存在的不良影响:注意消除 TTL 电路存在电源电流尖峰的影响,防止集成电路产生误触发(可加滤波电容)等。

(6)电路工作频率较高时,应采取如下措施:

①减小电源内阻,扩大地线面积或采用接地板,使电源线与地线夹在相邻的输入线和输出线之间,起屏蔽作用;

②各输入、输出线,交、直流引线不能混杂,并尽量使输入、输出线远离时钟脉冲线;

③缩短引线长度。

(7)调试大型综合电子电路,可按功能将其划分为几个独立的子单元,逐一布线进行调试,然后将各单元连接起来统调,这样成功的把握性更大。

拓展训练

(1)简述由集成运算放大器构成一个方波、三角波发生器的工作原理。

(2)简述方波、三角波发生器电路的调试步骤与方法。

项目十 收音机的安装与调试

项目描述

收音机是一种普及率很高的典型电子整机设备，其任务是将电台以电磁波形式发射的广播信号接收下来，经过放大和处理后还原声音。随着电子技术和声音广播技术的发展，作为接收无线电广播的收音机也不断更新换代。

项目目标

1. 熟悉收音机的原理框架图
2. 学会分析收音机的原理及正确安装电路并自己进行调试

项目实施

任务一 了解产品的功能

本项目采用中夏牌 S66D 型收音机，采用六管超外差式电路，具有安装调试方便、工作稳定、灵敏度高、选择性好等特点，功放级采用无输出变压器的功率放大器（OTL 电路），有效率高、频率特性好、声音大等特点。

任务二 简单原理分析

学一学 指示灯电路的基本原理

（1）输入调谐电路：输入调谐电路由双联可变电容器的 CA 和 T1 的初级线圈 Lab 组成，是一并联谐振电路，T1 是磁性天线线圈，从天线接收进来的高频信号，通过输入调谐电路的谐振选出需要的电台信号。改变 CA，能收到不同频率的电台信号。

（2）变频电路：本机振荡和混频合起来称为变频电路。变频电路是以 VT1 为中心，它的作用是把通过输入调谐电路收到的不同频率电台信号（高频信号）变换成固定的 465KHz 的中频信号。VT1、T2、CB 等元件组成本机振荡电路，它的任务是产生一个比输入信号高 465KHz 的等幅高频振荡信号。混频电路由 VT1、T3 的初级线圈等组成。

(3)中频放大电路:它主要由 VT2、VT3 组成的两级中频放大器。第一中放电路中的 VT2 负载是由中频变压器 T4 和内部电容组成,它们构成并联谐振电路。

(4)检波和自动增益控制电路:中频信号经一级中频放大器充分放大后由 T4 耦合到检波管 VT3,VT3 既起放大作用,又起检波的作用。VT3 构成的三极管检波电路,这种电路检波效率高,有较强的自动增益控制(AGC)作用。检波级的主要任务是把中频调幅信号还原成音频信号,C4、C5 起滤去残余的中频成分的作用。

(5)前置低放电路:检波滤波后的音频信号由电位器 RP 送到前置低放管 VT4,旋转电位器 RP 可以改变 VT4 的极基对地的信号电压的大小,可达到控制音量的目的。

(6)功率放大器(OTL 电路):VT5、VT6 组成同类型晶体管的推挽电路,R7、R8 和 R9、R10 分别是 VT5、VT6 的偏量电阻。变压器 T5 做倒相耦合,C9 是隔直电容,也是耦合电容。为了减少低频失真,电容 C9 选得越大越好。无输出变压器的功率放大器的输出阻抗低,可以直接推动扬声器工作。

看一看　收音机的原理框图

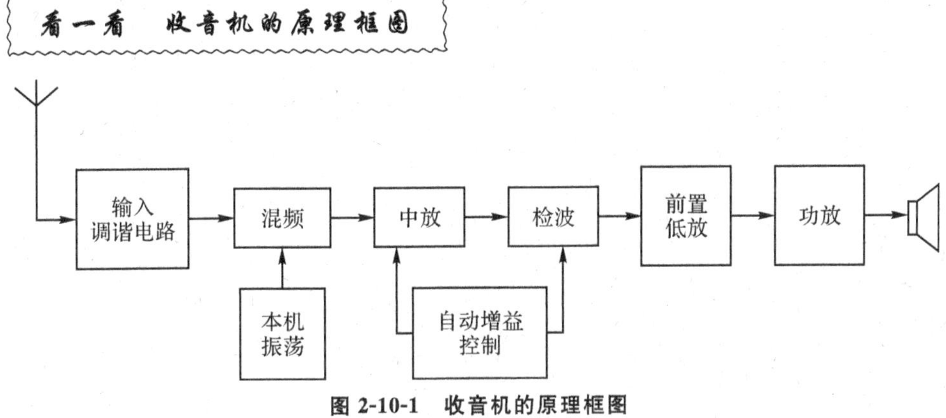

图 2-10-1　收音机的原理框图

读一读　收音机的原理图

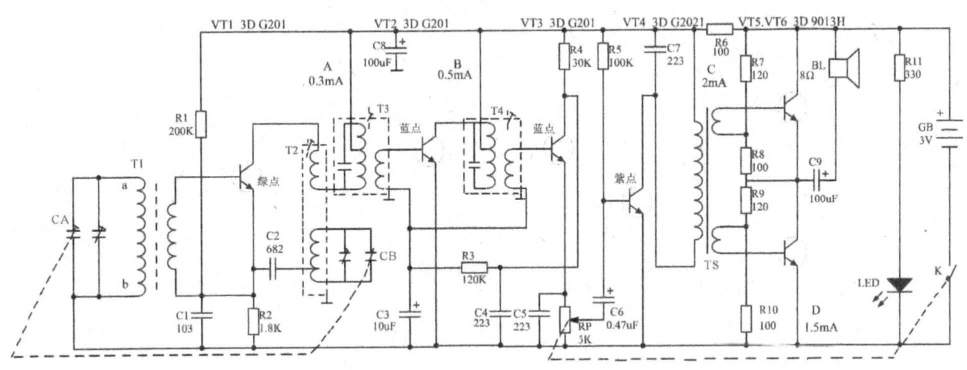

图 2-10-2　收音机的原理图

任务三　准确检测元器件

元器件的检测是一项基本功,如何准确有效地检测元器件相关参数,判断元器件是否正常，不是一件千篇一律的事，必须根据不同的元器件采用不同的方法，从而判断元器件正常与否。根据元器件清单进行检测，必经做到无遗漏，把不符合要求的元器件检测出来。

识一识　电路元器件的检测

电路元器件的检测

(1)色环电阻器：识读其标称阻值，并用万用表测量其实际阻值。

(2)电解电容：识别其类型与引脚的排列，并用万用表检测其质量的好坏。

(3)二极管：识别其引脚，并用万用表检测其质量的好坏。

(4)变压器：检测其质量的好坏。

任务四　读懂工艺要求

学一学　电路板的工艺要求

1. 熟悉印制电路板电路图和印制电路板装配图

2. 电装工艺要求

(1)电阻的安装：请将电阻的阻值选择好后根据两孔的距离弯曲电阻管脚，然后既可以采用卧式紧贴电路板方式安装，也可以采用立式安装，高度要统一。

(2)瓷片电容和三极管的脚剪的长度要适中，不要剪得太短，也不留得太长，不要超过中周的高度。电解电容紧贴线路板立式安装焊接。如果太高会影响后盖的安装。

(3)输入变压器 T5，有 6 个引出脚，线圈骨架上有凸点标记的为初级。

(4)磁棒线圈的 4 根引线头直接用电烙铁配合松香焊锡丝来回摩擦几次便可自动镀上锡，4 个线头对应的焊接线路板的铜铂面，其中匝数少的为初级，匝数多的为次级。磁棒线圈实物及示意图如图 2-10-3 所示。

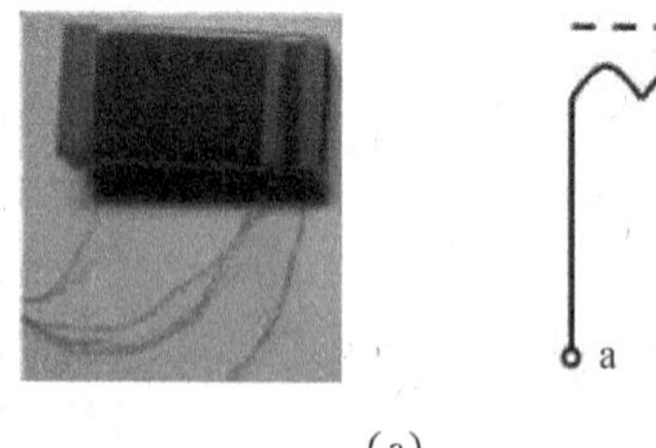

(a)

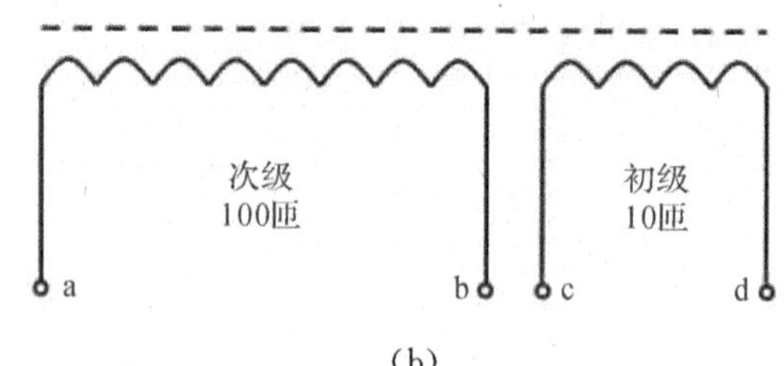

(b)

图 2-10-3　线圈实物图及原理图

(5)由于调谐用的双联拨盘安装时离电路板很近，所以在它的圆周内的高出部分的元件脚在焊接前先用斜口钳剪去，以免安装或调谐时有障碍，影响拨盘调谐的元件有 T2 和 T4 的引脚及接地焊片、双联的三个引出脚，电位器的开关脚和一个引脚。

(6)发光管的安装请按照图示弯曲成型，直接插在电路板上焊接，如图 2-10-4 所示。

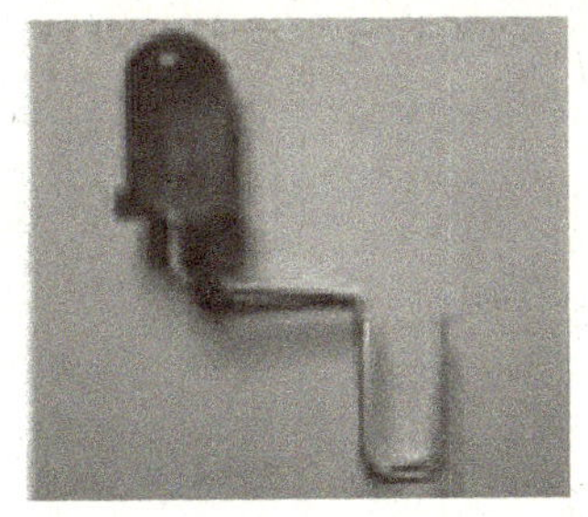

图 2-10-4　发光二极管弯曲效果图

(7)扬声器安放挪位后，再用电烙铁将周围的3个塑料桩子靠近扬声器边缘压紧，以免扬声器松动。

任务五　整机装配与调试检测

试一试　整机装配与调试

印制电路板上有元件面和焊接面之分。正面上的各个孔位都标明了应安装元件的图形符号和文字符号，通过电路原理图查找元器件规格，将相应元件对号入座。

(a)　　(b)

图 2-10-5　PCB 板的正、反面

1.调整前，应仔细检查以下几个方面

(1)各级不同的晶体管是否有误装，各晶体管的管脚电极是否插错。

(2)中频变压器的级序是否前后调错(红、白、黑中周分别是振荡、第一中周、第二中周)。

(3)输入回路线圈 a、b、c、d 线头是否焊错。

(4)线路的连接和元件的安装是否有误，各焊点是否有假焊、漏焊、虚焊、碰焊、桥接及 PCB 印制电路是否有断裂等，电解电容是否正负极性装接有误。

(5)将歪斜元件扶直排齐，并着重排除元件的裸线相碰之处。

检查无误后接通电源，须经仔细调整才能达到良好的性能指标。

2.调测电路电流

测量电流，电位器开关关掉，装上电池(注意正负极)，用万用电表的50mA 挡表笔跨接在电位器开关的两端(黑表笔接电池负极、红表笔接开关的另一端)。若电流指示小于10mA，则说明可以通电，将电位器开关打开(音量旋至最小即测量静态电流)，用万用表分别依次测量 D、C、B、A4 个电流缺口，测量数据填入表1中，若被测量的数值在表1的参考值左右，即可用烙铁将这 4 个缺口依次连通，再把音量开到最大，调双连拨盘即可选到电台。

在安装电路板时注意把扬声器及电池引线埋在比较隐蔽的地方，不要影响调谐拨盘的旋转，并避开螺栓桩，电路板挪位后再上螺丝固定，这样一台自己辛勤劳动制作的收音机就安装完毕。当测量不在规定电流值范围内请仔细检查三极管的极性有没有装错，中周是否装错位置以及虚假错焊等，若测量哪一级电流不正常则说明哪一级有问题。

表 2-10-1　测量数据表

项目	测量点 D	测量点 C	测量点 B	测量点 A
参考电流值	1.5mA	2mA	0.5mA	0.3mA
测量电流值				

任务六　掌握故障排除方法

修一修　电路板的故障

一般收音机常见故障现象有：完全无声、灵敏度低、声音小、啸叫、失真、时响时不响等。

1. 直观检查

判断电池极性，电压高低，查看是否有断线、脱焊，元件相碰造成短路、开路、变色、冒烟。

2. 使用万用表检查

①测量电池电压：电压过低不能正常工作。如新电池在开机后电压降为原来的 80%左右，说明机内有短路。

②测量总静态电流：本机在 6～8mA 之间。

③测量各级集电极电流：如果电流不正常应检查各级电流。本机测一下各晶体管 Ube 是否在 0.6～0.7V。

④利用万用表欧姆挡 R×1 挡在检测各晶体管 PN 结是否正常，来确定晶体管的好坏。

3. 信号源输入寻迹法

用振荡器发出信号来代替收音机工作时实际信号，从收音机输出级开始逐级向前跟踪找寻。如信号源可用镊子连续接触各级输入端（基极），如扬声器里会发出“咯咯”声响，说明该级正常，如无声音该级不工作。

4. 故障分析

①音质变坏，失真变大。

1. 末级推挽功放不对称：一只功放管 9013 坏或未接好，输入的初级或输出的次级一半绕组断线，功放上偏置电阻（R7，120Ω）虚焊、错焊或断开使输出小，失真度大。这些情形都可以用万用表判断出来。

2. 其他级偏置电阻假焊，断开，使工作点不正常引起失真。

②灵敏度低，声音轻。

1. 中频变压器回路电容内部开路或初级一端开路。

2. 中频变压器调乱，中频回路失谐。

3. 天线线圈脱焊。

4. 变频部分未统调好。

③啸叫。

1. 低频啸叫："扑扑扑"，主要是电池电压过低，电池内阻增大或电源滤波电容（C8，100μF）开路。

2. 中频啸叫：在整个波段都有，在电台位置两侧，主要是中周外壳接地不良。

3. 高频啸叫：主要发生在高波段。变频级振荡电压过高，输入回路与变频管理基极回路线圈方向不对（a、b、c、d 焊头颠倒）。

④时响时不响。

学生新装机主要是虚焊、印版损坏、元件相碰等。

⑤完全无声。

新装机主要有虚焊还有错焊，包括管子管脚接错（e、b、c），电阻值大小搞错，线与线之间焊错，甚至电池的正负极性接错。

拓展训练

（1）无台故障（低放前故障）如何检修？（无台故障是指将音量打开，扬声器中有轻微的"沙沙"声，但调谐时收不到电台）

（2）比较调幅和调频收音机的优劣？